Naveen Sharma
Madhu Rathore

Tendencias emergentes: Biotecnología aplicada

Naveen Sharma
Madhu Rathore

Tendencias emergentes: Biotecnología aplicada

Tendencias de las ciencias de la vida

ScienciaScripts

Imprint

Any brand names and product names mentioned in this book are subject to trademark, brand or patent protection and are trademarks or registered trademarks of their respective holders. The use of brand names, product names, common names, trade names, product descriptions etc. even without a particular marking in this work is in no way to be construed to mean that such names may be regarded as unrestricted in respect of trademark and brand protection legislation and could thus be used by anyone.

Cover image: www.ingimage.com

This book is a translation from the original published under ISBN 978-3-8443-9630-0.

Publisher:
Sciencia Scripts
is a trademark of
Dodo Books Indian Ocean Ltd., member of the OmniScriptum S.R.L Publishing group
str. A.Russo 15, of. 61, Chisinau-2068, Republic of Moldova Europe
Printed at: see last page
ISBN: 978-620-3-50123-0

Tendencias emergentes: Biotecnología aplicada

Editado por

Dr. Naveen Sharma
M.Sc. Ph.D. M.A.

La Sra. Madhu Rathore
M.Sc., Ph.D.

El propósito de este libro es proporcionar una visión general de los campos rápidamente emergentes de la biotecnología a través de artículos de revisión. Suponemos que el lector tiene al menos una comprensión básica de las aplicaciones de la biotecnología y de cómo se están aplicando ahora en los sectores comerciales. El propósito principal de este libro es definir la biotecnología como la columna vertebral de varias investigaciones en ciencias de la vida. El espectacular auge de la industria farmacéutica comercial y la ampliación de la aplicación de la biotecnología en I+D y en la medicina ha demostrado que la biotecnología es una rama muy útil no sólo para la salud humana sino también para el medio ambiente.

Como todos sabemos, el aumento de la población y la contaminación resultante también causan graves problemas a la salud humana y al medio ambiente. Uno de los problemas emergentes es el uso de pesticidas químicos y un fungicida para controlar las enfermedades de las plantas, las innovaciones basadas en la biotecnología pueden reducir la explotación de los remedios de control químico mediante el uso de la formulación biológica. Además, los medicamentos que se explotan para las infecciones microbianas no son más eficaces debido a la resistencia desarrollada en los microbios, por lo que es muy necesario estudiar y aislar los microbios de las zonas remotas que podrían ser una zona muy importante para la flora microbiana existente que segrega nuevos metabolitos, es decir, enzimas, metabolitos, antibióticos, bacteriocinas, etc. La síntesis de drogas, hormonas y productos de salud animal, junto con los mecanismos de suministro de drogas, están avanzando rápidamente. En el próximo decenio se producirán importantes avances en la medicina, la agricultura y la salud animal que pueden atribuirse directamente

Prefacio

a la biotecnología.

Cada capítulo abarca aplicaciones únicas de la biotecnología en diferentes campos. Este libro de revisión está especialmente propuesto para estudiantes, investigadores y estudiosos de la biotecnología. Los capítulos de revisión también serán de gran ayuda para aquellos estudiantes que requieran suficiente conocimiento antes de iniciar cualquier investigación en este campo. Los artículos no están delimitados a una rama particular de la biotecnología, por lo que serán útiles para los lectores de diferentes corrientes de la biotecnología.

Contenido

<u>Dedicado a nuestros queridos padres</u>

Capítulo 1

Enzima microbiana de importancia biotecnológica y sus aplicaciones

Madhu Rathore

Instituto de Biotecnología y Ciencias Aliadas Sikar , Rajasthan, INDIA

Resumen

Las enzimas microbianas son una alternativa más barata y fácilmente disponible de varios procesos industriales tediosos. Estas enzimas se han utilizado con éxito tanto en el ámbito médico como en el industrial. La biocatálisis permanece activa en una amplia gama de parámetros físicos y también en presencia de duras condiciones ambientales que las hacen muy importantes. Esta es una de las aplicaciones emergentes del campo de la biotecnología. Sin embargo, la mayoría de las bacterias y fuentes están intactas y aún no se ha investigado la existencia de un nuevo biocatalizador que podría ser una mejor alternativa a los procesos existentes. Esta revisión describe algunas de las enzimas microbianas y sus aplicaciones actuales.

Palabras clave: Enzimas microbianas, Industrial, médico, biotecnología, novedoso

1. Introducción:

Las enzimas son biocatalizadores producidos por las células vivas para provocar reacciones bioquímicas específicas que generalmente forman parte de los procesos metabólicos de las células. Las enzimas son muy específicas en su acción sobre los sustratos y a menudo se necesitan muchas enzimas diferentes para provocar, mediante una acción concertada, la secuencia de reacciones metabólicas que realiza la célula viva. Todas las enzimas que han sido purificadas son de naturaleza proteica, y pueden o no poseer ningún grupo de prótesis de proteínas.

Las enzimas de los microbios que viven en los bordes de la vida están empezando a encontrar uso en exigentes procesos industriales, según el trabajo presentado en la reunión nacional de la Sociedad Química Americana del mes pasado en San Diego. Debido a su exquisita regio- y estereoselectividad, las enzimas microbianas ya encuentran un amplio uso sintético en las industrias de alimentos, detergentes, papel, química fina y farmacéutica. Las enzimas de organismos que viven a temperaturas o pH extremos también pueden ser más adecuadas para las condiciones, a menudo duras, de tales procesos industriales.

La aplicación práctica y el uso industrial de las enzimas para lograr ciertas reacciones aparte de la célula se remonta a muchos siglos y se practicaba mucho antes de que se comprendiera la naturaleza o la función de las enzimas. El uso de la malta de cebada para la conversión del almidón en la elaboración de cerveza, y del estiércol para el bateo de pieles en la fabricación de cuero, son ejemplos del uso antiguo de las enzimas. No fue hasta casi el final de este siglo que se conocieron los agentes causales o las enzimas responsables de provocar tales reacciones bioquímicas. Entonces las preparaciones crudas de ciertos animales **6**Se prepararon tejidos como el páncreas y la mucosa del estómago, o a partir de tejidos vegetales como la malta y el fruto de la papaya, que encontraron aplicaciones técnicas en la industria textil, del cuero, la cervecería y otras industrias. Una vez que se establecieron los resultados favorables de la utilización de esos preparados enzimáticos, se inició la búsqueda de fuentes mejores, menos costosas y más fácilmente disponibles de esas enzimas. Se descubrió que ciertos microorganismos producen enzimas de acción similar a las amilasas de la malta y el páncreas, o a las proteasas del páncreas y el papayo. Esto condujo al desarrollo de procesos para producir esas enzimas microbianas a escala comercial.

El Dr. Jokichi Takamine (1894, 1914) fue la primera persona que se dio cuenta de la posibilidad técnica de las enzimas cultivadas y las introdujo en la industria. Se ocupó principalmente de las enzimas fúngicas, mientras que Boidin y Effront (1917) fueron pioneros en Francia en la producción de enzimas bacterianas unos 20 años más tarde. Los progresos tecnológicos en este campo durante los últimos decenios han sido tan grandes que, para muchos usos, las enzimas de cultivo microbiano han sustituido a las enzimas animales o vegetales. Por ejemplo, en el desencolado de textiles, la amilasa bacteriana ha sustituido en gran medida a la malta o la pancreatina. En la actualidad, sólo un número relativamente pequeño de enzimas microbianas ha encontrado aplicación comercial, pero el número va en aumento, y el campo se ampliará sin duda mucho en el futuro.

2. Enzimas bacterianas y sus aplicaciones:

Varias enzimas bacterianas se han caracterizado a partir de microbios y muchas de ellas aún no se han caracterizado. A continuación se describen brevemente algunas de las enzimas microbianas y sus aplicaciones (Cuadro N° 1)

• .1. Queratinasa

Las queratinasas microbianas han cobrado importancia biotecnológica desde que se dirigen a la hidrólisis de la "queratina" de polipéptido estructural altamente rígido y fuertemente reticulado, recalcitrante a las enzimas proteolíticas comúnmente conocidas tripsina, pepsina y papaína (Gupta y Ramnani, 2010). Estas enzimas están cobrando importancia en los últimos años, ya que varias aplicaciones potenciales se han asociado a la hidrólisis de sustratos queratínicos, entre otras aplicaciones. Una cantidad importante de proteína fibrosa insoluble en forma de plumas, pelo, uñas, cuerno y otros se encuentran disponibles como subproductos de la elaboración agroindustrial (Onifade et al. 1998). El complejo mecanismo de la queratinólisis implica la acción cooperativa de los sistemas sulfitolíticos y proteolíticos. Las queratinasas son enzimas robustas con una amplia gama de actividad de temperatura y pH y son en gran parte serinas o metaloproteasas. Las homologías de secuencia de las queratinasas indican su relación con la familia de las proteasas de serina de la subtilisina. Destacan entre las proteasas porque atacan los residuos de queratina y, por lo tanto, encuentran aplicación en el desarrollo de subproductos de plumas rentables para piensos y fertilizantes. Su aplicación también puede extenderse a las industrias de los detergentes y del cuero, donde sirven como enzimas especializadas. Además, también encuentran aplicación en la limpieza de la lana y la seda; en la industria del cuero, el mejor potencial de depilación de estas enzimas ha llevado al desarrollo de una tecnología de depilación más ecológica que ahorra cabello y de productos de cuidado personal. . El depilado enzimático se considera cada vez más una alternativa fiable para evitar el problema creado por el sulfuro en las curtidurías (Cantera 2001; Thanikaivelan y otros, 2004). Recientemente se purificó una metaloproteasa queratinolítica a partir de un sobrenadante de cultivo de *Chryseobacterium sp.* kr6. Esta enzima pertenece a la familia de las peptidasas M14, también conocida como la familia de la carboxipeptidasa A, siendo la primera enzima de esta familia asociada a la actividad queratinolítica y al género *Chryseobacterium* (Riffel et al. 2007). La flavastacina, una metaloproteasa extracelular de *C. meningosepticum*, presenta un heptaglucósido vinculado al sitio DS* (Tarentino y otros 1995), que puede estar asociado con la protección contra la autoproteólisis. Además, su aplicación prospectiva en el desafiante campo de la degradación de los priones revolucionará el mundo de la proteasa en un futuro próximo.

- **.2. Pectinasa**:

Las pectinasas son un grupo de enzimas que catalizan la degradación de sustancias pécticas mediante reacciones de despolimerización (hidrolasas y liasas) y de desesterificación (esterasas). Las conocidas enzimas pectinolíticas son enzimas degradadoras de homogalacturonas.

La producción de pectinasa ocupa alrededor del 10% del total de la fabricación de preparados enzimáticos. Las pectinasas son una de las enzimas más ampliamente distribuidas en bacterias, hongos y plantas. Las protopectinasas, las poligalacturonasas, las lilasas y las pectinasas están entre las enzimas pectinolíticas ampliamente estudiadas. Las protopectinasas catalizan la solubilización de la protopectina. Las poligalacturonasas hidrolizan la cadena de ácido poligalacturónico mediante la adición de agua y son las más abundantes de todas las enzimas pectinolíticas. Los lisios catalizan la ruptura trans-eliminativa del polímero del ácido galacturónico (Jayani *y otros*, 2005). Las pectinesterasas liberan pectinas y metanol desesterificando los enlaces de éster metílico de la columna vertebral de la pectina.

Las pectinasas son de gran importancia y tienen un enorme potencial para ofrecer a la industria (Dayanand y Patil 2003). Son una de las próximas enzimas del sector comercial, especialmente en la industria de los zumos y alimentos (Kashyap *et al.*, 2001) y en la industria del papel y la pulpa (Beg *et al.*, 2001; Viikari *et al.*, 2001)Estas enzimas se utilizan ampliamente en la industria alimentaria en la producción de zumos, bebidas de frutas y vinos (Semenova *et al.* , 2006). Su participación en las ventas mundiales de enzimas alimentarias es del 25%. Las enzimas pectinolíticas tienen una importancia significativa en la actual era biotecnológica con sus aplicaciones globales en la extracción de zumos de frutas y su clarificación, el descrudado de algodón, el desgomado de fibras vegetales, el tratamiento de aguas residuales, la extracción de aceite vegetal, las fermentaciones de té y café, el blanqueo de papel, en aditivos para piensos de aves de corral y en las industrias de bebidas alcohólicas y alimentaria (Jayani *et al.*, 2005). También se ha informado de que trabajan en la purificación de virus (Salazar y Jayasinghe, 1999) y en la fabricación de papel (Reid y Richard, 2004; Viikari *y otros*, 2001). Todavía no se han comercializado. Numerosas bacterias endofitas, como *Azoarcus sp.* (Hurek *y otros*, 1994) y *Pseudomonas fluorescentes* (Quadt-Hallmann *y otros*, 1997) producen enzimas pectinolíticas. La pectinilasa es producida comúnmente por hongos (Prade *et al.*, 1999) y también es producida por algunas bacterias, como *Bacillus spp.* (Kashyap et *al.*, 2000) y *Pseudomonas marginalis* (Hayashi *et al.*, 1997).

- .3. Amilasa:

a-Amilasas (E.C.3.2.1.1) son enzimas que catalizan la hidrólisis de los enlaces glicosídicos internos *a-* 1,4 en el almidón en productos de bajo peso molecular, como las unidades de glucosa, maltosa y maltotriosa (Gupta *et al.*, 2003; Kandra, 2003; Rajagopalan y Krishnan, 2008). Las amilasas se encuentran entre las enzimas más importantes y son de gran importancia para la biotecnología, ya que constituyen una clase de enzimas industriales que tienen aproximadamente el 25% del mercado mundial de enzimas (Rajagopalan y Krishnan, 2008; Reddy *et al.*, 2003). Las amilasas son una de las principales enzimas utilizadas en la industria. Las amilasas pueden obtenerse de plantas, animales y microorganismos. Sin embargo, las enzimas de origen fúngico y bacteriano han dominado las aplicaciones en los sectores industriales. El almidón es un importante componente de la dieta humana y es un importante producto de almacenamiento de muchos cultivos de importancia económica, como el trigo, el arroz, el maíz, la tapioca y la papa. Las enzimas convertidoras del almidón se utilizan en la producción de maltodextrina, almidones modificados o jarabes de glucosa y fructosa. Las enzimas amilolíticas que degradan el almidón son más importantes en las industrias biotecnológicas con una enorme aplicación en las industrias alimentaria, de fermentación, textil y papelera (Pandey *et al.*, 2000). a-Las amilasas tienen una aplicación potencial en un amplio número de procesos industriales como las industrias alimentaria, de fermentación, textil, papelera, de detergentes y farmacéutica. Las amilasas fúngicas y bacterianas podrían ser potencialmente útiles en las industrias farmacéutica y de química fina. Sin embargo, con los adelantos de la biotecnología, la aplicación de la amilasa se ha ampliado en muchos campos, como la química clínica, medicinal y analítica, así como su aplicación generalizada en la sacarificación del almidón y en las industrias textil, alimentaria, cervecera y de la destilación (Gupta *et al.* , 2003; Kandra, 2003; Pandey *et al.*, 2000). La amilasa puede utilizarse en combinación con la celulasa para mejorar el rendimiento de la leche y/o el espesor de la grasa dorsal. Las amilasas preferidas se derivan del *Bacillus halmapalus, licheniformis* y *stearothermophilus* y son preferentemente homólogas al *Bacillus stearothermophilus* amylase (Steinberg *et al.*, 2009). Existe algún preparado enzimático comercializado que se utiliza como suplemento de la alimentación animal: ENZECO® ALFA AMILASA BACTERIAL: **preparación enzimática concentrada** de *B. subtilis* para su uso en piensos y ensilado de maíz para hidrolizar los almidones a dextrinas de cadena corta y dextrosa.. ENZECO® BACTERIAL AMYLASE 4000: Una amilasa bacteriana líquida, estable al calor, del *Bacillus stearothermophilus*. Esta enzima hidroliza rápidamente los enlaces glicosídicos a-D-1,4 del almidón para producir dextrinas solubles, También se utiliza para mejorar la tasa de extrusión en las raciones basadas en el almidón. Algunos hongos conocidos para la producción de amilasas como *Aspergillus niger, Aspergillus orizea, Mucor pusillus* (Fogarty, 1983). Además, también se estudió la amilasa a partir del *Bacillus lentus* (El-Aassar *y otros*, 1992), el *Bacillus coagulans* (Fatma y El-Refai, 1991) y *el Bacillus caldolyticus* (Heinein y Heinein, 1972). La bioconversión del almidón en etanol entraña la licuefacción y la sacarificación, en la que el almidón se convierte en azúcar utilizando un microorganismo amilolítico o enzimas como la a-amilasa, seguida de la fermentación, en la que el azúcar se convierte en etanol utilizando un microorganismo fermentador del etanol como la levadura *Saccharomyces cerevisiae* (Moraes y *otros*, 1999; Oner, 2006). Actualmente, una amilasa maltogénica termoestable de *Bacillus stearothermophilus* se utiliza comercialmente en la industria panadera (Van der Maarel *et al.*, 2002). Entre los ejemplos de amilasas obtenidas a partir de microorganismos utilizados en la industria del papel figuran Amizyme® (PMP Fermentation Products, Peoria, EE.UU.), Termamyl®, Fungamyl, BAN® (Novozymes, Dinamarca) y a-amilasa G9995® (Enzyme Biosystems, EE.UU.) (Saxena *et al.*, 2004).

- .4. **Celulasa**

La celulasa es la enzima que hidroliza los enlaces 0-1, 4-glicosídicos del polímero para liberar unidades de glucosa (Nishida, 2007). Las celulasas son producidas por un gran número de microorganismos. Las celulasas son enzimas inducibles que son sintetizadas por los microorganismos durante su crecimiento en materiales celulósicos (Lee y Koo, 2001; Cai *y otros,* 1999). Los microbios celulolíticos son principalmente degradadores de carbohidratos e incapaces de utilizar las proteínas y los lípidos como fuentes de energía para su crecimiento (esta enzima degradadora de la celulosa puede utilizarse, por ejemplo, en la formulación de polvos de lavar, la extracción de jugos de frutas y verduras y el procesamiento del almidón (Camassola y Dillon, 2007). Las bacterias representan una fuente prometedora para la producción de enzimas industriales. Las celulasas bacterianas son un caso especialmente interesante. Muchas especies bacterianas termófilas producen celulasas que son estables y activas a altas temperaturas, resistentes al ataque proteolítico y estables a la desnaturalización mecánica y química. Sin embargo, las productividades de celulasas en las bacterias son notoriamente bajas en comparación con otras fuentes microbianas. En este documento se analizarán los sistemas de producción de enzimas bacterianas centrándose en las comparaciones de las productividades de los productores conocidos de celulasas bacterianas (Linden y Ming Shiang, 1991). La actividad de la celulasa también se observa en muchas bacterias fijadoras de nitrógeno, como *Sinorhizobium fredii* (Chen *y otros,* 2004; Mateos *y otros,* 1992), *Bacillus spharricus* (Singh *y otros..,* 2004), Bacillus *circulans* (Baird *et al.*, 1992), *Paenibacillus azotofixans* (Rosado *et al.,* 1998), *Gluconacetobacter* (Emtiazi *et al.*, 2003), *Azospirillum* (Steenhoudt y Vanderleyden, 2000)

• .5. Lipase

La actividad lipolítica en los microorganismos se debe principalmente a la presencia de la enzima lipasa. Las lipasas (C. E. 3.1.1.3) son producidas por varios microorganismos, a saber, bacterias, hongos y arqueas, así como por animales y plantas (Olson *et al.,* 1994; Saxena *et al.,* 2003) La enzima lipolítica puede exhibir actividad hidrolítica, típicamente en una interfase agua/lípidos, hacia los enlaces de ésteres carboxílicos en sustratos tales como mono, di- y triglicéridos, fosfolípidos, tioésteres, ésteres de colesterol, ésteres de cera, cutin, suberin, ésteres sintéticos u otros lípidos

Ya en 1901 se había observado la presencia de lipasas en las bacterias para el *Bacillus prodigiosus*, el *Bacillus pyocyneus* y *el Bacillus fluorescens* (Jaeger *y otros,* 1994), que representan algunos de los productores de lipasas mejor estudiados en la actualidad, que ahora se denominan *Serratia marcescens*, *Pseudomonas aeruginosa* y *Pseudomonas fluorescens*, **11**respectivamente. Los productores de lipasa se han aislado principalmente de la tierra, o de material de comida estropeada que contiene aceites vegetales. Cepas taxonómicamente cercanas pueden producir lipasas de diferentes tipos. Se sabe que hay muchos microorganismos que producen diferentes lipasas (Iizumi *et al.,* 1990). Se ha informado de la existencia de lipasas microbianas con propiedades altamente *alcalófilas* o termófilas en *Alcaligenes* (Kakusho *et al.,* 1982). Se aislaron del suelo *Pseudomonas fragi* (Nishio *et al.,* 1987) *P. nitroreducens* (Watanabe *et al.,* 1977) y otras cepas de *Pseudomonas* que producen lipasas con características diferentes. Choo *et al.* (1998) aislaron una cepa sicrotrófica de Pseudomonas del suelo de Alaska, que produce una lipasa adaptada al frío a bajas temperaturas. *Aeromonas hydrophila secreta* una enzima lipolítica que tiene varias propiedades en común con la enzima mamífera lecitina-colesterol aciltransferasa (Brumlik y Buckley, 1996.)

El interés en las bacterias lipolíticas surge debido a la capacidad de las enzimas de lipasa para catalizar la hidrólisis, así como la síntesis de los ésteres de ácidos grasos. Las lipasas actúan sobre una variedad de sustratos, incluyendo aceites naturales, triglicéridos sintéticos y ésteres de ácidos grasos. Muchas lipasas son resistentes a los disolventes y, por lo tanto, se utilizan en la síntesis de medicamentos quirales. Entre las diversas aplicaciones industriales de las lipasas, la síntesis de ésteres de sabor para su uso en las industrias alimentaria y farmacéutica (Macedo *et al.,* 2004; Mello *et al.,* 2005) y la producción de biodiésel (Park y Pizarro, 2003) tienen un interés especial. Además de éstas, las bacterias lipolíticas del ácido láctico también pueden utilizarse como probióticos para reducir el nivel sérico de triglicéridos y pueden resultar beneficiosas para las personas que producen lipasas pancreáticas inadecuadas.

Muchas lipasas microbianas han sido comercializadas por productores de enzimas populares en el mundo como Novozyme (Dinamarca), Amano Enzyme Inc (Japón), Biocatalysts (Reino Unido), Unilever (Países Bajos) y Genencor (EE.UU.). Las lipasas bacterianas producidas de los géneros *Burkholderia* y *Pseudomonas* están disponibles comercialmente. Las lipasas PS aisladas de *Burkholderia cepacia* y las lipasas AK aisladas de *P. fluorescentes* son suministradas por Amano y las lipasas SL y las lipasas TL aisladas de *B. cepacia* y *P. stutzeri* son suministradas por Meito Sangyo (Japón) (Sangeetha *et al.*, 2011).

- **.6. Proteasas**:

Las proteasas [proteasa de serina (EC. 3.4.21), cisteína (tiol) proteasa (EC 3.4.22), proteasas aspárticas (EC 3.4.23) y metaloproteasa (EC 3.4.24)] constituyen uno de los grupos más importantes de enzimas industriales, representando alrededor del 60% del mercado total de enzimas (Nunes y Martins, 2001; Singh *et al.* , 2001; Zeikus *et al.*, 1998). Las proteasas microbianas figuran entre las enzimas hidrolíticas más importantes y se han estudiado ampliamente desde el advenimiento de la enzimología. Hay un interés renovado en el estudio de las enzimas proteolíticas, principalmente debido al reconocimiento de que estas enzimas no sólo desempeñan una función importante en los procesos metabólicos celulares, sino que también han recibido considerable atención en la comunidad industrial. Estas enzimas se han utilizado ampliamente en la industria de los detergentes, desde su introducción en 1914 como aditivos de los detergentes (Gupta *et al.* , 2002). Entre las diversas proteasas, las proteasas bacterianas son las más significativas, en comparación con las proteasas animales y las fúngicas (Ward, 1985) y entre las bacterias, *Bacillus sp* son productores específicos de proteasas extracelulares (Priest, 1977). Las proteasas representan una parte importante del mercado de las enzimas en todo el mundo (Godfrey y West 1996; Kalisz 1988). Las proteasas de las bacterias encuentran numerosas aplicaciones en diversos sectores industriales y diferentes empresas de todo el mundo han lanzado con éxito varios productos basados en proteasas alcalinas.

Estas enzimas tienen una amplia aplicación industrial, que incluye la industria farmacéutica, la industria del cuero y la fabricación de hidrolizados de proteínas, la industria alimentaria y la industria de procesamiento de desechos (Pastor *et al.*, 2001). El éxito de las enzimas para detergentes ha llevado al descubrimiento de una serie de proteasas para detergentes con usos específicos. Alkazym (Novodan, Copenhague, Dinamarca) es una enzima importante para la limpieza de los sistemas de membranas.

Otras enzimas que se utilizan para la limpieza de las membranas son la enzima Terga (Alconox, Nueva York, EE.UU.), Ultrasil (Henkel, Dusseldorf, Alemania) y P3-pardigm (Henkel-Ecolab, Dusseldorf, Alemania). El Pronod 153L, un limpiador a base de enzimas de proteasa, se utiliza para limpiar instrumentos quirúrgicos ensuciados por proteínas sanguíneas. La subtilopeptidasa A es un limpiador óptico a base de enzimas, que se comercializa actualmente en la India (Kumar *y otros*, 1998). Sakiyama *y otros* (1998) informaron del uso de una solución de proteasa para limpiar las columnas empaquetadas de partículas de acero inoxidable ensuciadas con gelatina y B-lactoglobulina- Además de estas aplicaciones principales, las proteasas alcalinas también se utilizan en menor medida para otras aplicaciones, como la limpieza de lentes de contacto (Nakagawa 1994), la biología molecular para el aislamiento de ácido nucleico (Kyon *y otros*.., 1994), la lucha contra las plagas (Kim *y otros*, 1999), el desgomado de la seda (Kanehisa, 2000; Puri, 2001) y la deslignificación selectiva del cáñamo (Dorado *y otros*, 2001), todas las cuales pueden ser técnicamente interesantes, pero no han alcanzado el éxito comercial en términos de cifras de ventas impresionantes.

- **.7. Lácteos**:

La lactasa (EC 3.2.1.23) hidroliza la lactosa para convertirla en glucosa y galactosa (Szczodrak y Wiater, 1998; Paige y Davis, 1985). La lactasa es esencial para muchos procesos en diversas industrias, por lo que se estudió la producción eficiente y especialmente económica de esta enzima (Pivarnik *y otros*, 1985; Kosaric y Asher, 1985).

Los preparados de lactasa se producen a partir de diversos microorganismos, como bacterias, levaduras y mohos, y se utilizan en las industrias alimentarias del Japón. Su propiedad, sin embargo, se diversifica debido a su origen de microorganismos. En este artículo se presentan ejemplos de su utilización en el proceso de fabricación de productos lácteos, cuyo valor se evalúa en gran medida como alimentos, centrándose en la ventaja de la preparación de lactasa derivada del *Bacillus circulans*. Esta enzima puede producirse a partir de diferentes fuentes como bacterias, levaduras y mohos. Las lactasas comerciales se producen tanto a partir de levaduras, como *Kluyveromyces lactis* y *Kluyveromyces fragilis*, como de mohos, como *Aspergillus niger* y *Aspergillus oryzae* (Mahoney, 1985; Szczodrak y Wiater, 1998).

La bacteria probiótica del ácido láctico más utilizada para esas personas tiene un problema de intolerancia a la lactosa. Si las bacterias probióticas, que producen lactasa, se dan a los enfermos, pueden ayudar a permitir la reintroducción de alimentos que contienen lactosa en sus dietas.

- **.8. Xilanasa**

El xilán, la más abundante de las hemicelulosas que contienen heteropolisacáridos, consiste en una espina dorsal de residuos de xilopiranosa ligada al b-1,4 con sustituciones de *O-acetil*, arabinosil y metilglucuronosil (Chang *y otros*, 2004; Rawashdeh *y otros*, 2005). La hidrólisis completa del xilano requiere la acción combinada de varias enzimas como la endoxilanasa y varias enzimas accesorias para hidrolizar el xilano sustituido. La endoxilanasa ataca los enlaces xilosídicos internos en la columna vertebral y la b-xilosidasa libera residuos de xilosilo mediante el ataque en profundidad del xiloligosacárido (Wong *et al.*, 1988). Se sabe que muchos microorganismos, entre ellos bacterias, levaduras y hongos, producen diferentes tipos de xilanasas y la naturaleza de las enzimas varía entre los distintos organismos. Entre las bacterias que degradan el xilano se han notificado las cepas de *Aeromonas, Bacillus, Bacteroides, Celulomonas, Microbacterias, Paenibacillus, Ruminococcus* y *Streptomyces* (Rapp y Wagner, 1986). El xilano es un importante polímero estructural de las plantas, superado únicamente por la celulosa en abundancia natural (Dekker y Richards. 1976). Este polímero es degradado anaeróbicamente de manera eficiente por miembros de varios géneros bacterianos, entre ellos los Bacteroides (Forsberg *y otros*, 1981; Reddy *y otros*, 1983; Salyers *y otros*, 1981), Ruminococcus (Dehority, 1967; Hungate, 1966; Van der Torn y Van Gylswyk, 1985), Clostridium (Hungate, 1966), y Butyrivibrio (Bryant y Small, 1956; Van der Torn y Van Gylswyk, 1985). La importancia de estos organismos ha sido reconocida durante las investigaciones de aislamientos ruminales y de suelo.

Estas enzimas son necesarias para muchas aplicaciones, como el blanqueo de la pulpa Kraft, el aumento del brillo de la pulpa, la mejora de la digestibilidad de los piensos y la clarificación de los zumos de fruta, etc. (Biely *et al.*, 1985) Las xilanasas libres de celulasas activas a alta temperatura y pH están ganando importancia en la tecnología de la pulpa y el papel como alternativas al uso de compuestos tóxicos clorados (Viikari, 1994; Srinivasan y Rele, 1988). Un tratamiento con xilanasas puede mejorar la extracción química de lignina de la pulpa (Bajpai *et al.*, 1994) Esto da lugar a un ahorro significativo de los productos químicos necesarios para el blanqueo, reduciendo así la liberación de compuestos tóxicos de cloro en el medio ambiente. La tecnología enzimática moderna se orienta en gran medida hacia el uso de la xilanasa en las biorrefinerías, con el objetivo de crear un proceso integrado que permita que los desechos de las plantas y otros componentes de la biomasa se reutilicen en nuevas aplicaciones. Esta tecnología también puede utilizarse para obtener nuevos productos de valor añadido a partir del xilano, que van desde los ingredientes prebióticos para alimentos funcionales hasta el bioetanol, que puede obtenerse mediante la despolimerización del xilano. Las xilanasas de origen fúngico y bacteriano (incluida la xilanasa de tipo silvestre *B. subtilis*) se han utilizado en los alimentos durante varios años.

- **.9. Laccase**

Las lacasas (bencenodiol:oxidorreductasas de oxígeno; C.E. 1.10.3.2) son polifenoloxidasas que catalizan la oxidación por un electrón de los sustratos aromáticos con la consiguiente reducción del oxígeno al agua, siendo el sustrato oxidado típicamente un p-difenol (Alexandre y Zhulin, 2000). El primer informe sobre la lacasa bacteriana fue de la cepa no móvil de *Azospirillum lipoferum aislada* de la rizosfera del arroz (Givaudan *y otros*, 1993). La función fisiológica de las lacasas bacterianas todavía no está clara, pero se cree que desempeñan un papel en la producción de melanina, la resistencia de la capa de esporas, la morfogénesis y la desintoxicación del cobre (Sharma *et al.*, 2007). Esta enzima se identificó como una lacasa mediante el uso de una combinación de sustratos e inhibidores (Givaudan *et al.*, 1993; Diamantidis *et al.*, 2000). La lacasa bacteriana más conocida es la CotA del *Bacillus subtilis*, una proteína de la capa de endosporas que presenta una alta termoestabilidad (Hullo et *al.*, 2001). Se han aislado otras lacasas bacterianas de *Escherichia coli* (CueO) (Roberts *et al.*, 2002), *Bacillus halodurans* (Lbh-1) (Ruijssenaars y Hartmans, 2004), *Thermus thermophilus* (TTC1370) (Miyazaki, 2005) y varios estreptomicetos (Suzuki et al., 2003; Arias *et al.*, 2003). Las estructuras cristalinas de dos lacasas bacterianas, CotA y CueO, están bien estudiadas (Roberts *et al.*, 2005; Enguita et *al.*, 2003). También se encontraron actividades de laccasa en *Bacillus sphaericus* (Claus y Filip, 1997), *Serratia marcescens* (Verma y Madamwar, 2003), *Bacillus halodurans* (Ruijssenaars y Hartmans, 2004) y *Streptomyces. psammoticus* (Niladevi y Prema, 2008).

Las lacasas se consideran enzimas de interés industrial debido a su amplio espectro de sustratos y a la gran variedad de reacciones que catalizan, entre ellas el reticulado de compuestos fenólicos, la degradación de polímeros, la división en anillos y la oxifuncionalización de compuestos aromáticos. Estas enzimas son particularmente interesantes como biocatalizadores porque no requieren cofactores costosos como el NADH o el NADPH como muchas otras oxidorreductasas. Entre las aplicaciones biotecnológicas de las lacasas figuran el pretratamiento de la pulpa en el proceso de producción de papel, el blanqueo de los tintes en la industria textil, la desintoxicación de los xenobióticos, la síntesis orgánica y la biorremediación (Mayer y Staples, 2002). Los posibles campos de aplicación radican en la síntesis de productos naturales como pigmentos y antioxidantes mediante la dimerización de los ácidos fenólicos y no fenólicos (Mustafa *y otros*, 2005).

Mesa no. 1: Aplicación de enzimas microbianas

S. No.	Industria	Aplicación	Enzima
1	**Hornear y moler**	La cocción del pan	Amilasa Proteasa
2	**Cerveza**	Mashing Chillproofing Eliminación de oxígeno	Amilasa Proteasa Glucosa oxidasa
3	**Bebidas con gas** **Cereales**	Eliminación de oxígeno Alimentos precocidos para bebés Alimentos para el desayuno	Glucosa oxidasa Amilasa Amilasa Proteasa
5	**Chocolate, cacao** **Café**	Jarabes Fermentación de los granos de café Concentrados de café	Amilasa Pectinasa Pectinasa
7	**Confitería, caramelos**	Recuperación del azúcar de los caramelos de desecho	Amilasa
8	**Lácteos**	Leche, prevención del sabor de la oxidación, Leche, hidrolizados de proteínas, Leche evaporada, estabilización, Concentrados de leche entera, Helados y postres congelados, Concentrados de suero de leche	Proteasa, hemicellu... Proteasa, Lactasa
9	**Bebidas destiladas**	Mashing	Amilasa
10	**Limpieza en seco, lavandería**	, Eliminación de manchas	Proteasa, lipasa, amilasa
11	**Los alimentos, el animal**	Raciones de arranque para cerdos	Proteasa, amilasa

12	**Sabores**	Eliminación del almidón, clarificación	Amilasa
13	**Frutas y jugos de fruta**	Aclaración, filtración, concentración Pectina de metoxilo baja Eliminación del almidón de la pectina	Pectinasa Pectinesterasa Amilasa
14	**Cuero**	Bating Unhairing	Proteasa Proteasa
15	**Carne, pescado**	Ablandamiento de la carne Licitación de los casquillos Condensado soluble en	Proteasa Proteasa Proteasa
16	**Papel**	Modificación del almidón para el recubrimiento del papel	Amilasa
17	**Almidón y jarabe**	Jarabe de maíz Producción de glucosa Almidón de lavandería hinchado en frío	Amilasa Amilasa Amilasa
18	**Farmacéutico y Clínico**	Ayudas digestivas Pruebas clínicas variadas	Amilasa Proteasa Lipasa Celulasa Numerosos
19	**Tejido fotográfico**	Recuperación de plata de la película gastada Desencolado de telas	Proteasa Amilasa Proteasa
20	**Verduras**	Licuar purés y sopas Verduras deshidratadas, restaurar el sabor	Amilasa
21	**Vino**	Presionar, clarificar, filtrar	Pectinasa
22	**Miscelánea**	Resolución mezclas racémicas de Aminoácidos Eliminación del papel de pared	Proteasa Amilasa

3. Conclusión

Muchos microorganismos y sus enzimas con funciones exclusivas han sido descubiertos mediante una amplia selección y ahora se utilizan comúnmente en aplicaciones industriales. Sin embargo, muchos microbios tienen propiedades enzimáticas únicas aún por descubrir. La exploración de zonas remotas y hábitats intactos para detectar la presencia de nuevas bacterias con nuevas características catalíticas es un área más importante de la biotecnología.

Referencias

- Boidin, A. y Effront, J. 1917 Enzimas bacterianas. U. S. Pat. 1.227.374 y 1.227.525.
- Gupta R y Ramnani P. 2010. Queratinasas microbianas y sus aplicaciones prospectivas: una visión general. Applied *Microbiology and Biotechnology* .70 (1): 21-33.
- Onifade, A. A., Al-Sane, N. A., Al-Musallam, A. A., y Al-Zarban, S. 1998. Potenciales de las aplicaciones biotecnológicas de los microorganismos que degradan la queratina y sus enzimas para el mejoramiento nutricional de las plumas y otras queratinas como recursos de alimentación del ganado. Tecnología de los biorecursos. 66: 1-11
- Cantera, C. S. 2001. El proceso de depilación para ahorrar pelo. Parte 4. Observaciones sobre la evolución de la investigación sobre el desenredado de las enzimas. Revista de *la Sociedad de Químicos de la Tecnología del Cuero*. 85: 836-841.
- Thanikaivelan, P., Rao, J. R., Nair, B. U., y Ramasami, T. 2004. Progress and recent trends in biotechnological methods for leather processing. Trends *in Biotechnology*. 22: 181-188.
- Riffel, A., Brandelli, A., Bellato, C. M., Souza, G. H. M. F., Eberlin, M. N. y Tavares, F. C. A. 2007. Purificación y caracterización de una metaloproteasa queratinolítica de Chryseobacterium sp. kr6. *Journal of Biotechnology*. 128: 693-703.
- Tarentino, A. L., Quinones, G., Grimwood, B. G., Hauer, C. R., y Plummer, T. H. 1995. Molecular cloning and sequence analysis of flavastascin: Una

metalopéptidasa de zinc procariótico o-glicosilado. *Archivos de Bioquímica y Biofísica*. 319:281-285.

- Jayani, R. S., Saxena, S., y Gupta, R.2005. Enzimas pectinolíticas microbianas: Una revisión. *Process Biochemistry* .40 :2931-2944.

- Dayanand A y Patil SR. 2003. In: Detección de posibles aislamientos fúngicos para la producción de pectinasa a partir de cabezas de girasol desecadas.

- Kashyap, D.R., Vohra, P.K., Chopra, S. y Tewari, R. 2001. Applications of pectinases in commercial sector: a review. *Bioresour Technol.* 77:21527.

- Beg, Q.K., Kapoor, M., Tiwari, R.P. y Hoondal, G.S.2001. Bleachboosting of eucalyptus kraft pulp using combination of xylanase and pectinase from *Streptomyces sp.* QG-11-3. *Universidad de Res Bull Panjab* 57:71-8.

- Viikari, L., Tenakanen, M. y Suurnakki, A. 2001. Biotecnología en la industria de la pulpa y el papel. En: Rehm HJ, editor. Biotecnología. VCH-Wiley, p. 523-46.

- Semenova, M., Sinitsyna, O. y Morozova, V. 2006. Utilización de un preparado a partir de la pectina liasa de hongos en la industria alimentaria. *Appl Biochem Microbiol.* 42: 598- 602.

- Salazar, L. y Jayasinghe,U. 1999. Fundamentos de la purificación de los virus de las plantas. En: Técnicas en planta, virología, CIP., Manual de capacitación, J.O., Purificación de virus, Centro Internacional de la Papa, Perú, 1-10.

- Reid, I. y Richard, M.. 2004. La pectinasa purificada reduce la demanda catiónica en la pulpa mecánica blanqueada con peróxido. *Enzyme Microbial Technol.* 34:499-504.

- Hurek, T., Reinhold-Hurek, B., Van Montagu, M. y Kellenberger, E. 1994. Root colonization and systemic spreading of *Azoarcus sp.* Strain BH72 in grasses. *Journal of Bacteriology.* 176:1913-1923.

- Quadt-Hallmann, A., Benhamou, N. y Kloepper, J.W. 1997 Bacterial endophytes in cotton: mechanisms of entering the plant. *Canadian Journal of Microbiology.* 43: 577-582.

- Prade, R.A., Zhan, D., Ayoubi, P. y Mort, A.J. 1999. Pectinas, pectinasas e interacciones planta-microbio. *Biotechnology and General Engineering Review.* 16 : 361-391.

- Kashyap, D.R., Chandra, S., Kaul, A. y Tewari, R. 2000. Producción, purificación y caracterización de la pectinasa de un *Bacillus sp.* DT7. *World Journal of Microbiology and Biotechnology.* 16, 277-282.

- Hayashi, K., Inoue, Y.y Shiga, M. 1997. Enzimas pectinolíticas de *Pseudomonas marginalis* MAFF 03-01173. *Phytochemistry*. 45:1359-1363.

- Gupta, R., Gigras, P., Mohapatra, H., Goswami, V.K. y Chauhan, B. 2003. A-amilasas microbianas: una perspectiva biotecnológica. *Process Biochem*. 38: 1599 - 1616.

- Kandra, L. 2003. a-Amilasas de importancia médica e industrial. *Journal of Molecular Structure (Theochem)* 666-667: 487-498.

- Rajagopalan, G. y Krishnan, C. 2008. Producción de alfa-amilasa a partir del *Bacillus subtilis* KCC103 deprimido por catabolito utilizando el hidrolizado de bagazo de caña de azúcar. *Bioresour Technol*. 99: 3044-3050.

- Reddy, N.S., Nimmagadda, A. y Sambasiva Rao, K.R.S. 2003. Una visión general de la familia de las a-amilasas microbianas. *Afr. J. Biotechnol*. 2: 645-648.

- Pandey, A., Nigam, P., Soccol, C.R., Soccol, V.T., Singh, D. y Mohan, R.2000. Avances en las amilasas microbianas. *Biotechnol. Appl. Biochem*. 31: 135-152.

- Gupta, R., Gigras, P., Mohapatra, H., Goswami, V.K. y Chauhan, B. 2003. A-amilasas microbianas: una perspectiva biotecnológica. *Process Biochem*. 38: 1599 - 1616.

- Kandra, L. 2003. a- Amilasas de importancia médica e industrial. *Journal of Molecular Structure (Theochem)*. 666-667: 487-498.

- Pandey, A., Nigam, P., Soccol, C.R., Soccol, V.T., Singh, D.y Mohan, R. 2000. Avances en las amilasas microbianas. *Biotechnol Appl Biochem*. 31 (Pt 2): 135-152.

- Solicitud de patente de los Estados Unidos 20090324571 Steinberg, Wolfgang (Efringen-Kirchen, DE) Immig, Irmgard (Habsburg, CH) Glitsoe, Vibe (Virum, DK) Fischer, Morten (Copenhagen V, DK) (2009)

- Fogarty, W.1983. Enzimas microbianas y biotecnología. Applied Science publishers, Londres y Nueva York.

- El-Aassar, S.A., Omar, S.H., Gouda, M.K., Isah , A.M. y Abbdel-Fattah, A.F. 1992. Purificación de la a-amilasa de los cultivos de *Bacillus lentus*. *Appl. Microbiol. Biotechnol*. 38: 312-314.

- Fatma, J.E. y El-Refai, A 1991. Purificación y caracterización de la alfaamilasa por un aislado termófilo de *Bacillus coagulans*. *chem.mirobiol. Technol. Lenbensm*. 13:102-110.

- Heinein, U.J. y Heinein, W.1972. Caracterización y propiedades de una bacteria caldo-activa que produce enzimas extracelulares y dos cepas relacionadas. *Arco*.

Microbiol. 82: 1-13.

- Moraes, L.M.P., Filho, S.A. y Ulhoa, C.J. 1999. Purificación y algunas propiedades de una proteína de fusión de la a-amilasa glucoamilasa de *Saccharomyces cerevisiae. World J. Microbiol. Biotechnol.* 15: 561-564.

- Oner, E.T. 2006. Optimización de la producción de etanol a partir del almidón mediante una cepa nuclear amilolítica de pequeño tamaño *Saccharomyces cerevisiae. Levadura* 23: 849856.

- Van der Maarel, M.J., van der Veen, B., Uitdehaag, J.C., Leemhuis, H.y Dijkhuizen, L. 2002. Propiedades y aplicaciones de las enzimas convertidoras de almidón de la familia de las alfa-amilasas. *J Biotechnol.* 94: 137-155.

- Saxena, R.K., Malhotra, B. y Batra, A. 2004. Commercial Importance of Some Fungal Enzymes. *En*: Arora, D.K. (ed) Handbook of fungal biotechnology. Marcel Dekker, Nueva York (Estados Unidos), págs. 287 y 298.

- Nishida, Y., Suzuki, K.I., Kumagai, Y., Tanaka, H., Inoue, A. y Ojima, T. 2007 Aislamiento y estructura primaria de una celulasa del erizo de mar japonés *Strongylocentrotus nudus. Biochimie.*1-10.

- Camassola, M. y Dillon, A.J.P. 2007. Producción de celulasas y hemicelulasas por *Penicillium echinulatum* cultivadas en bagazo de caña de azúcar pretratado y salvado de trigo en fermentación de estado sólido. *Journal of Applied Microbiology103*: 2196-2204.

- Linden, J. C y Ming Shiang. 1991. Bacterial Cellulases Regulation of Synthesis. Capítulo 25: 331-348.

- Chen, P.J., Wei, T.C. , Chang, Y.T. y Lin, L.P. .2004. Purificación y caracterización de la carboximetilcelulasa de *Sinorhizobium fredii. Bot. Bull. Acad. Sin.*, 45: 111-118.

- Mateos, P.F., Jiménez-Zurdo, J.I., Chen, J., Squartini, A.S., Haack, S.K., Martínez-Molina, E., Hubbell, D.H. y Dazzo, F.B. 1992. Enzimas pectinolíticas y celulolíticas asociadas a las células en el Rhizobium leguminosarum *biovar trifolii.* 58: 1816-1822.

- Singh, J., Batra, N. y Sobti, R.C. 2004. Purificación y caracterización de la celulosa alcalina producida por un nuevo aislado, *Bacillus sphaericus* JS1. *J. Ind. Microbiol. Biotechnol.*31: 51-59.

- Baird, D.S., Johnson, D.A. y Seligy, V.L. 1990. Colonización molecular, expresión y caracterización de los genes de endo-$-1,4-glucanasa del *Bacillus polymyxa* y *del*

*Bacillus circulans. J. Bacteriol.*172: 1576-1586.

- Rosado, A.S., de Azevedo, F.S. da Cruz, D.W., van Elsas, J.D. y Seldin, I. 1998. Diversidad fenotípica y genética de las cepas de *Paenibacillus azotofixans aisladas* de los suelos de rizolpano o rizosfera de diferentes gramíneas. *J. App. Microbiol.* 84: 216-226.

- Emtiazi, G., Etemadifar, Z. y Tavassoli, M. 2003. Una nueva bacteria celulítica fijadora de nitrógeno asociada a la raíz del maíz es un candidato para la producción de proteína unicelular. *Biomasa. Bioenergía.* 25: 423-426.

- Steenhoudt, O. y Vanderleyden, J. 2000. *Azospirillum*, una bacteria fijadora de nitrógeno de vida libre, estrechamente asociada con los pastos: Aspectos genéticos, bioquímicos y ecológicos. *FEMS Microbiol. Rev.*24: 705-787.

- Lee, S.M y Koo, Y.M. 2001. Producción de celulosa a escala piloto utilizando trichoderma reesei Rut C-30 en modo de alimentación por lotes. *J. Microbiol. Biotecnología.* 11: 229-233.

- Cai, Y.J., Chapman, S.J., Buswell, J.A. y Chang, S.T. 1999. Producción y distribución de endoglucanasa, cellobiohidrolasa y в - componentes de la glucosidasa del sistema celulolítico de *Volvariella volvacea*, el hongo de paja comestible. *Entorno aplicado. Microbiol.*65: 553-559.

- Macedo, G. A., Pastore, G. M. y Rodrigues, M. I. 2004. Optimización de la síntesis de butirato de isoamilo utilizando *Rhizopus* sp. lipasa con un diseño compuesto central giratorio. *Bioquímica de Procesos*, [S.l.], 39:687-692.

- Mello, M. M. L. L., Pastore, G. M. y Macedo, G. A. 2005 Optimización de la síntesis de los ésteres de sabor de citronela utilizando lipasa libre e inmovilizada de *Rhizopus* sp. *Process Biochemistry*, [S.l.], 40: 3181-3185.

- Park, E. Y. y Pizarro, A. V. L. 2003 Producción catalizada por lipasas de combustible biodiesel a partir de aceites vegetales contenidos en tierra blanqueadora activada por residuos. *Bioquímica de procesos.* [S.l.], 38:1077-1082.

- Olson, G.J., C.R. Woese y R. Overbeek, 1994. Los vientos del cambio evolutivo: insuflando nueva vida a la microbiología. *J. Bacteriol.*, 176: 1-6.

- Saxena, R., W. Davidson, A. Sheoran y B. Giri, 2003. Purificación y caracterización de una lipasa alcalina termoestable de *Aspergillus carneus. Bioquímica de procesos.* 39: 239-247.

- Jaeger, K.E, Ransac, S., Dijkstra, B.W., Colson, C., Vanheuvel, M. y Misset, O. 1994. Bacterial lipase. *FEMS Microbiol Rev.*15: 29-63.

- Iizumi, T., Nakamura, K. y Fukase, T. 1990. Purificación y caracterización de una ipasa termoestable de *Pseudomonas sp.* KWI-56 recientemente aislada. *Agric Biol Chem.*54:1253-8.

- Kakusho, Y., Machida, H. e Iwasaki, S. 1982. Producción y propiedades de la lipasa alcalina de la cepa No. 679 de Alcaligenes sp. *Agric Biol Chem.* 46: 1743-50.

- Nishio T, Chikano T y Kamimura M. 1987. Purificación y algunas propiedades de la lipasa producida por *Pseudomonas fragi* 22. *Agric Biol Chem.* 51:181-187.

- Watanabe N, Ota Y, Minoda Y y Yamada K. 1977. Estudios sobre lipasas alcalinas de las *especies Pseudomonas.* Parte I: Aislamiento e identificación de microorganismos productores de lipasa alcalina, condiciones de cultivo y algunas propiedades de las enzimas crudas. *Agrícola. Biol. Chem.*41:1353-8.

- Choo, D.W., Kurihara, T., Suzuki, T., Soda, K. y Esaki, N. 1998. A cold- adapted lipase of an alaskan psychrotroph, *Pseudomonas sp.* strain B11-1: gene cloning and enzyme purification and characterization. *Appl. Environ. Microbiol.* 64(2):486-91.

- Brumlik, M.J. y Buckley, J.T. 1996. Identificación de la tríada catalítica de la lipasa/aciltransferasa de Aeromonas hydrophila. *J Bacteriol.* 178(7):2060- 2064.

- Macedo, G. A., Pastore, G. M., Rodrigues, M. I.2004. Optimización de la síntesis de butirato de isoamilo utilizando *Rhizopus sp.* lipasa con un diseño compuesto central giratorio. *Process Biochemistry* [S.l.], 39: 687-692.

- Mello, M. M. L. L., Pastore, G. M., Macedo, G. A. 2005. Optimized synthesis of citronellyl flavor esters using free and immobilized lipase from *Rhizopus* sp. *Process Biochemistry* [S.l.], 40 :3181-3185.

- Park, E. Y. y Pizarro, A. V. L. 2003. Producción catalizada por lipasas de combustible biodiesel a partir de aceites vegetales contenidos en tierra blanqueadora activada por desechos. *Process Biochemistry* [S.l.],38: 1077-1082.

- Sangeetha, R., Arulpandi, I. y Geetha, A. 2011. Lipasas bacterianas como potenciales biocatalizadores industriales: Una visión general. *Res. J. Microbiol.* 6: 124.

- Nunes, A.S. y Martins, M.L.L. 2001. Aislamiento, propiedades y cinética de crecimiento de un *bacilo termófilo. Braz. J. Microbiol.* 32: 271-275.

- Singh, J., Batra, N. y Sobti, C.R.2001. Proteasa alcalina serina de un *Bacillus* sp. SSR1 recientemente aislado. *Proc. Bioquímica.* 36: 781-785.

- Zeikus, J.G., Vieille, C. y Savchenko, A.1998. Thermozymes: Biotecnología y relación estructura-función. *Extremophiles*.1: 2-13

- Gupta, R., Beg, Q.K. y Lorenz, P. 2002. Bacterial alkaline proteases: molecular approaches and industrial applications. *Appl Microbiol Biotechnol,* 59:15-32.

- Ward, O.P. 1985. Enzimas proteolíticas. *En*: M. Moo-Young Editor, *Comprehensive Biotechnol.* 3: 789-818.

- Sacerdote, F.G. 1977. Síntesis de enzimas extracelulares en el género *Bacillus. bacteriol.rev.,* 41: 711-753.

- Godfrey, T. y West, S. 1996. Introducción a la enzimología industrial. En: Godfrey T, West S (eds) Industrial enzymology, 2nd edn.Macmillan Press, London, pp 1-8

- Kalisz, H.M. 1988. Proteinasas microbianas. *Adv Biochem Eng Biotechnol.* 36:1-65

- Kumar, C.G., Malik, R.K. y Tiwari, M.P. 1998. Novedosos detergentes a base de enzimas: una perspectiva india. *Curr Sci.* 75:1312-1318.

- Sakiyama, T., Toyomasu, T., Nagata, A., Imamura, K., Takahashi, T., Nagai, T. y Nakanishi, K.1998. Desempeño de la proteasa como agente limpiador de superficies de acero inoxidable ensuciadas con proteína. *J Ferment Bioeng.* 55:297-301.

- Nakagawa, A. 1994. Método para limpiar un lente de contacto. Patente de EE.UU. 5.314.823.

- Kyon, Y.T., Kim, J.O., Moon, S.Y., Lee, H.H. y Rho, H.M. 1994 Proteasas alcalinas extracelulares de la cepa RH530 del *Vibrio metschnikovii alcalófilo. Biotechnol Lett* .16:413-418.

- Kim, H.K., Hoe, H.S., Suh, D.S., Kang, S.C., Hwang, C. y Kwon, S.T.1999 Estructura genética y expresión del gen del *Beauveria basiana que codifica* la bassiasina I, una proteasa serina degradante de la cutícula del insecto. *Biotechnol Lett.* 21:777- 783.

- Kanehisa, K. 2000. Tejidos o tejidos de punto fabricados con hilo de seda cruda teñido. Patente de EE.UU. 6.080.689

- Puri, S. 2001. Una proteasa alcalina de un *Bacillus* sp.: Producción y aplicaciones potenciales en la formulación de detergentes y el desgomado de la seda. Tesis de maestría, Universidad de Delhi, Nueva Delhi

- Dorado, J., Field, J.A., Almendros, G. y Alvarez, R.S. 2001. Eliminación de nitrógeno con proteasa como método para mejorar la delignificación selectiva de la madera del tallo del cáñamo por el hongo de la podredumbre blanca *Bjerkandera* sp. cepa BOS55. *Appl Microbiol Biotechnol.*57:205-211

- Pastor, M.D., Lorda, G.S. y Balatti, A. 2001. Obtención de proteasa utilizando *Bacillus subtilis* 3411 y medio de harina de amaranto a diferentes tasas de aireación. *Braz. J. Microbiol.* 32: 1-8.

- Mahoney, R. R. 1985. Modificación de la lactosa y los productos lácteos que contienen lactosa con galactosidasa. En: Developments *in Dairy Chemistry*, Elsevier, England, 69-110.

- Szczodrak, J. y Wiater, A. 1998. Selección del método para obtener un preparado de lactasa activa a partir de *Penicillium notatum*. *J. Basic Microbiol.* 38:71-75.

- Nagy, Z., Kiss, T., Szentirmai, A. y Biro, S.2001. в- galactosidasa de *Penicillium chrysogenum*: Producción, purificación y caracterización de la enzima. *Protein Expr. Purif.* 21:24-29.

- Pivarnik, L. F., Senecal, A. G., Rand y A. G. 1995. Hydrolytic and transgalactolosylic activities of commercial beta-galactosidase (lactase) in food processing. *Adv. Food Nutrition. Res.* 38 : 1-102.

- Kosaric, N. y Asher, Y. 1985.La utilización del suero de queso y sus componentes. *Bioquímica Avanzada. Engin. Biotechnol.* 32: 25-60.

- Paige, D. M. y Davis, L. R. 1985. Nutritional Significance of Lactose:1. Nutritional Aspects of Lactose Digestion. En: *Developmentsin Dairy Chemistry*, Elsevier, England 111-132.

- Chang, P., Tsai, W-S., Tsai, C-L., y Tseng, M-J. 2004. Clonación y caracterización de dos xilanasas termoestables de un *Bacillus firmus alcalifílico. Bioquímica. Biofísica. Res. Commun.* 319: 1017-1025.

- Rawashdeh, R., Saadoun, I., y Mahasneh, A. 2005. Effect ofcultural conditions on xylanase production by *Streptomyces* sp. (strain Ib 24D) and its potential to use tomato pomace. *Afr. J. Biotechnol.* 4: 251-255.

- Wong, K. K. Y., Tan, L. U. L., y Saddler, J. N. 1988. Multiplicidad de la b- 1,4-xilanasa en el microorganismo: Funciones y aplicaciones. *Microbiol. Rev. 52: 305-317.*

- *Rapp, P. y Wagner, F. 1986. Producción y propiedades de las enzimas degradadoras de xilano de Cellulomonas uda. Appl. Environ. Microbiol. 51: 746-752.*

- *Dekker, R. H. y G. N. Richards. 1976. Hemicelulasas: su aparición, purificación, propiedades y modo de acción. Adv. Carbohydr. Chem. Biochem.32:277-352.*

- *Forsberg, C. W., Beveridge, T. J. y Hellstrom, A. 1981. Cellulase and xylanase release from Bacteroides succinogenes and its importance in the rumen environment. Appl. Environ. Microbiol. 42:886-896.*

- *Reddy, N. R., Palmer, J. K., Pierson, M. D. y Bothast, R. J. 1983. Hemicelulosas de la paja de trigo: composición y fermentación por Bacteroides del colon humano. J. Agric. Food Chem. 31: 1308-1313.*

- *Salyers, A. A., Gherardini, F. y O'Brien, M. 1981. Utilization of xylan by two species of human colonic Bacteroides. appl.environ. Microbiol. 41:1065-1068.*

- *Takamine, J. 1894 Proceso de fabricación de la enzima diastásica. U.S. Pat. 525.820 y 525.823.*

- *Takamine, J. 1914 Enzimas de Aspergillus oryzae y la aplicación de su enzima amiloclástica a la industria de la fermentación. Ind. Eng. Química. 6: 824828.*

- *Dehority, B. A. 1967. Tasa de degradación de la hemicelulosa y utilización por cultivos puros de bacterias del rumen. Appl. Microbiol. 15:987-993.*

- *Hungate, R. E. 1966. El rumen y sus microbios. Academic Press, Inc., Nueva York.*

- *Van der Torn, J. J. T. K. y van Gylswyk, N. 0. 1985.Bacterias digestivas de Xylan del rumen de ovejas alimentadas con dietas de paja de maíz. J. Gen. Microbiol. 131:2601- 2607.*

- *Bryant, M. P., y Small, N. 1956. El ácido butírico monométrico anaeróbico que produce bacterias curvadas en forma de vara en el rumen. J. Bacteriol. 72:16-21.*

- Biely, P., Markovic, O. y Mislovicova, D. 1985. Detección sensible de endo-1,4-beta-glucanasas y endo-1,4-beta-xilanasas en geles. *Bioquímica anal.* 144:147-151.

- Viikari L. 1994. Xilanasas en el blanqueamiento: de una idea a la industria. FEMS. *Microbiol Rev.*13: 335-350.

- Srinivasan, M.C. y Rele, V.M. 1988. Xilanasas microbianas para la industria del papel. *Ferment Sci Technol.* 137-162.

- Bajpai, B., Bhardwaj, N.K., Bajpai, P.K. y Jauhari, M.B. 1994. The impact of xylanases on bleaching of eucalyptus kraft pulp. *J Biotechnol.* 38:1-6.

- Alexandre, G. y Zhulin, L.B.2000. Las lacasas están muy extendidas en las bacterias. Trends *Biotechnol.* 18: 41-42.

- Givaudan, A., Effosse, A., Faure, D., Potier, P., Bouillant, M.L. y Bally, R. 1993. Polyphenol oxidasa en *Azospirillum lipoferum aislada* de la rizosfera del arroz, prueba de la actividad de la lacasa en cepas no móviles de *Azospirillum lipoferum.*

FEMS Microbiol. Lett. 108: 205-210.

- Sharma, R., Goel, R. y Capalash, N. 2007. Lacasas bacterianas. *World J Microbiol Biotechnol.* 23:823-832.
- Hullo, M.F., Moszer, I., Danchin, A. y Martin-Verstraete, I. La CotA de *Bacillus subtilis* es una laca dependiente del cobre. *J Bacteriol.* 2001; 183:5426-5430.
- Roberts, S.A., Weichsel, A., Grass, G., Thakali, K., Hazzard, J.T., Tollin, G., Rensing, C. y Montfort, W.R. 2002. Estructura cristalina y cinética de transferencia de electrones de CueO, una oxidasa multicobre necesaria para la homeostasis del cobre en *Escherichia coli. Proc Nat Ac Sci U S A.* 99:2766-2771.
- Ruijssenaars, H.J. y Hartmans, S. 2004. Un clon de *Bacillus halodurans* multicopper oxidasa que presenta una actividad de lacasa alcalina. *Appl Microbiol Biotechnol.* 65:177-182.
- Miyazaki K. Un 2005.lacasa hipertermofílica de *Thermus thermophilus* HB27. *Extremófilos.* 9:415-425.
- Suzuki, T., Endo, K., Ito, M., Tsujibo, H., Miyamoto, K. e Inamori, Y. A. 2003. lacasa termoestable de *Streptomyces lavendulae* REN-7: purificación, caracterización, secuencia de nucleótidos y expresión. *Biosci Biotechnol Biochem.* 67:2167-2175.

Arias, M.E., Arenas, M., Rodríguez, J., Soliveri, J., Ball, A.S. y Hernández, M. 2003 Bioblanqueo de pulpa kraft y oxidación mediada de un sustrato no fenólico por laccasa de *Streptomyces cyaneus* CECT 3335. *Appl Environ Microbiol.* 69:1953-1958.

Enguita, F.J., Martins, L.O., Henriques, A.O. y Larrondo, M.A. 2003. Estructura cristalina de un componente bacteriano de la capa de endosporas. Una laca con propiedades de termoestabilidad mejoradas. *J Biol Chem.* 278:19416-19425.

Mayer, A.M. y Staples, R.C. 2002 Laccase: nuevas funciones para una vieja enzima. *Fitoquímica.* 60:551-565.

Mustafa, R., Muniglia, L., Rovel, B. y Girardin, M. 2005. Colorantes fenólicos obtenidos por síntesis enzimática utilizando una laca de hongos en un sistema bifásico hidroorgánico. *Food Res Int.* 38:995-1000.

Diamantidis, G., Effosse, A., Potier, P. y Bally, R. 2000. Purificación y caracterización de la primera lacasa bacteriana en la bacteria rizosférica *Azospirillum lipoferum. Soil Biol. Biochem.* 32: 919-927.

Claus, H. y Filip, Z. 1997. La evidencia de una actividad enzimática similar a la de las lacas en una cepa de *Bacillus sphaericus*. *Microbiol. Res.* 152: 209-216.

Grass, G. y Rensing, C.2001. El CueO es una oxidasa multi-cobre que confiere tolerancia al cobre en *Escherichia coli*. Bioquímica. Biofísica. *Res. Commun.* 286: 902-908.

Verma, P. y Madamwar, D. 2003. Decoloración de tintes sintéticos por una cepa recientemente aislada de *Serratia marcescens*. *World J. Microbiol. Biotecnología.* 19: 615-618.

Ruijssenaars, H.J. y Hartmans, S. 2004. Un clon de *Bacillus halodurans* multicopper oxidasa que presenta una actividad de lacasa alcalina. *Appl. Microbiol. Biotechnol.* 65: 177-182.

Niladevi, K.N. y Prema, P.2008. Inmovilización de la laca de *Streptomyces sammoticus* y su aplicación en la eliminación de fenoles mediante un reactor de lecho compacto. *World J. Microbiol. Biotechnol.* 24: 1215- 1222.

Capítulo 2

Producción de antibióticos a partir de actinomicetos y sus aplicaciones

Madhu Rathore1 y Naveen Sharma2

[1] Instituto de Biotecnología y Ciencias Aliadas, Sikar (Rajastán)

[2] Instituto de Investigación de Estadísticas Agrícolas de la India (I.C.A.R), Centro de Bioinformática Agrícola

(CABin), Pusa Campus Nueva Delhi

Resumen

Los actinomicetos han sido bien conocidos por la producción de metabolitos secundarios. Los nuevos actinomicetos que segregan antibióticos podrían ser aislados de varios hábitats que podrían ser un lugar de microflora única con esta propiedad. Los actinomicetos son bacterias gram-positivas que muestran un crecimiento filamentoso como los hongos. Son aeróbicos y están ampliamente difundidos en la naturaleza. Los actinomicetos son importantes no sólo para las industrias farmacéuticas sino también para la agricultura. Las especies de actinomicetos sintetizan un gran número de metabolitos naturales con una actividad biológica diversa, como los antibióticos. Los antibióticos de origen actinómico ponen de manifiesto una amplia variedad de estructuras químicas, entre ellas los aminoácidos, antraciclinas, glicopéptidos, в. lactámicos, nucleósidos, péptidos, polienos, poliquetos, actinomicetos y tetraciclinas. Dado que los microbios están adquiriendo resistencia a los antibióticos existentes, existe una necesidad desesperada de examinar los micrones de acción para detectar compuestos antimicrobianos. El campo de los actinomicetos está ahora tristemente descuidado. Por lo tanto, es necesario aislar los nuevos antibióticos microbianos de varias fuentes y su caracterización para el desarrollo de medicamentos más seguros y más baratos para el prospecto médico y agrícola. Aquí se presenta una visión general de los antimicrobianos de los actinomicetos con énfasis en su identificación, fuentes, antibiosis y varias otras aplicaciones.

Palabras clave: Actinomicetos, antibióticos, metabolitos secundarios, industria farmacéutica

1. Introducción

En los últimos años se han controlado muchas enfermedades importantes gracias a los rápidos avances en el campo de la quimioterapia. Un gran número de agentes antagonistas de las bacterias patógenas se han obtenido a partir de microorganismos. Se ha descubierto que algunos de ellos, como la penicilina por ejemplo, poseen notables propiedades terapéuticas. Otros, como la estreptomicina y la estreptotricina, (Waksman *y otros*, 1944; Jones *y otros*, 1944) parecen prometedores como agentes para combatir organismos patógenos. Pero a pesar de que se han hecho progresos en el tratamiento de ciertas enfermedades, hay algunas causadas por bacterias, mohos y otros agentes que no han respondido a las sustancias quimioterapéuticas que se utilizan actualmente. Por esta razón, parece justificada la búsqueda continua de agentes antibióticos de valor terapéutico.Waksman se interesó por primera vez en los actinomicetos en 1915 cuando era estudiante en Rutgers. Durante las siguientes décadas, estudió su aparición y abundancia en el suelo, su taxonomía, su papel en los procesos del suelo como la descomposición de residuos de plantas y animales y la formación de humus, y su relación con las bacterias y los hongos. En particular, Waksman y sus estudiantes (1941) calcularon los efectos antagónicos que los acinomicetos tenían en las bacterias y los hongos, estableciendo al final que tal vez la mitad de todos los actinomicetos que se encontraban en el suelo tenían la capacidad de inhibir el crecimiento de otros microorganismos (acswebcontent.acs.org). En 1944 se iniciaron estudios en el laboratorio sobre el aislamiento y las pruebas de actinomicetos para la producción de antibióticos.

Según la Organización Mundial de la Salud, la prescripción excesiva y el uso inadecuado de antibióticos ha dado lugar a la generación de resistencia a los antibióticos en muchos patógenos bacterianos. Hoy en día, las cepas de patógenos resistentes a los medicamentos surgen más rápidamente que la tasa de descubrimiento de nuevos medicamentos y antibióticos. Por ello, muchos científicos y la industria farmacéutica han participado activamente en el aislamiento y la detección de actinomicetos de diferentes hábitats intactos, para su producción de antibióticos (Oskay *et al.*,2004). Los actinomicetos pueden aislarse del suelo y los sedimentos marinos. Aunque los suelos han sido examinados por la industria farmacéutica durante unos 50 años, sólo se han tomado muestras de una pequeña fracción de la superficie del planeta y sólo se ha descubierto una pequeña fracción de los taxones de actinomicetos (Baltz 2005; 2007).

Los actinomicetos suelen tener una gran importancia socioeconómica, que incluye patógenos humanos como *Actinomyces israelii* (Beaman, 1981; Berkow y Fletcher , 1992), cepas no patógenas que desempeñan funciones esenciales como descomponedores en los sistemas terrestres, y productores de antibióticos como *Streptomyces* que producen antibióticos de importancia comercial (Goodfellow y O'Donnell, 1989) y un conjunto de otros metabolitos secundarios. Los antibióticos producidos por los actinomicetos están normalmente compuestos de compuestos heterogéneos y biológicamente activos (Mustafa y otros, 2004). Los actinomicetos representan una elevada proporción de la microbiobiomasa del suelo y tienen la capacidad de producir una amplia variedad de antibióticos y de enzimas extracelulares . Los actinomicetos pertenecen al orden Actinomycetales, adivisión de las bacterias Gram-positivas caracterizadas por un alto contenido genómico de G+C (significa 74 mol %) (Fox y Stackebrandt, 1987; Goodfellow y Cross, 1984; Goodfellow y *otros*, 1992; Stackebrandt y Woese, 1981). Las especies de actinomicetos son bacterias saprofitas muy conocidas que descomponen la materia orgánica, 32especialmente biopolímeros como la lignocelulosa, el almidón y la quitina en el suelo (Crawford *et al.*, 1993). Varios actinomicetos tienen rasgos biológicos característicos, como un crecimiento micelial que culmina en la esporulación. También poseen la capacidad de biosintetizar una amplia variedad de antibióticos como metabolitos secundarios (Franklin *y otros*, 1989; Lechevalier y Waksman, 1962).

2. Características morfológicas

Los actinomicetos son más conocidos por su capacidad de producir antibióticos y son bacterias gram positivas que comprenden un grupo de microorganismos unicelulares ramificados. Producen micelio ramificado que puede ser de dos tipos, micelio de sustrato y micelio aéreo. Entre los actinomicetos, los estreptomicetos son los dominantes. Los no estreptomicetos son llamados actinomicetos raros, que comprenden aproximadamente 100 géneros.

Los miembros de los actinomicetos que viven en el medio marino no se conocen bien y sólo se dispone de pocos informes relativos a los actinomicetos de los manglares (Siva Kumar, 2001; Vikineswari *y otros*, 1997; Rathana Kala y Chandrika, 1993; Lakshmanaperumalsamy, 1978).

3. Identificación

A continuación se exponen brevemente diversos enfoques para la identificación de actinomicetos:

3.1. Enfoque molecular

Los enfoques más poderosos de la taxonomía son a través del estudio de los ácidos nucleicos. Debido a que estos son productos genéticos directos o los propios genes y las comparaciones de las ayudas nucleicas dan una información considerable sobre la verdadera relación. La sistemática molecular, que incluye tanto la clasificación como la identificación, tiene su origen en los primeros estudios de hibridación de ácidos nucleicos, pero ha alcanzado un nuevo estatus tras la introducción de las técnicas de secuenciación de ácidos nucleicos (O'Donnell *et al.* , 1993). La importancia de los estudios filogenéticos basados en secuencias de ADNr 16S está aumentando en la sistemática de las bacterias y actinomicetos (Yokota, 1997). Las secuencias de ADN ribosómico 16S han proporcionado a los actinomicetólogos un árbol filogenético que permite investigar la evolución de los actinomicetos y también proporciona la base para la identificación. El análisis del 16S rADN comienza por aislar el ADN (Hapwood, 1985) y amplificar el gen que codifica el 16S rADN mediante la reacción en cadena de la polimerasa (por *ejemplo,* Siva Kumar, 2001). Los fragmentos de ADN purificados se secuencian directamente. Las reacciones de secuenciación se realizan utilizando un secuenciador de ADN para determinar el orden en que las bases están dispuestas dentro de la longitud de la muestra (Xu Li-Hua *y otros*, 1999) y luego se utiliza una computadora para estudiar la secuencia para la identificación mediante procedimientos de análisis filogenético. Sin embargo, el análisis del ADNr 16S generalmente permite identificar los organismos sólo hasta el nivel de género.

3.2. Enfoque quimiotaxonómico

La quimiotaxonomía es el estudio de la variación química en los organismos y el uso de caracteres químicos en la clasificación e identificación. Es uno de los métodos valiosos para identificar los géneros de actinomicetos. Los estudios de Cummins y Harris (1956) establecieron que los actinomicetos tienen una composición de la pared celular similar a la de las bacterias grampositivas, y también indicaron que la composición química de la pared celular podría proporcionar métodos prácticos para diferenciar varios tipos de actinomicetos. Esto se debe al hecho de que los componentes químicos de los organismos que satisfacen las siguientes condiciones tienen un significado significativo en la sistemática.

i. Deben distribuirse universalmente entre los microorganismos estudiados; y

ii. Los componentes deben ser homólogos entre las cepas dentro de un taxón, mientras que existen diferencias significativas entre los taxones a diferenciar.

La presencia de isómeros del ácido diaminopimélico (DAP) es una de las propiedades más importantes de las paredes celulares de las bacterias gram-positivas y actinomicetos. La mayoría de las bacterias tienen una envoltura de pared característica, compuesta de peptidoglicano. El ácido 2,6-diaminopimélico (DAP) está ampliamente distribuido como un aminoácido clave y tiene isómeros ópticos. Su importancia sistemática radica principalmente en el aminoácido clave con dos bases aminas, y la determinación del aminoácido clave suele ser suficiente para su caracterización. Si la DAP está presente, las bacterias generalmente contienen uno de los isómeros, la forma LL o la forma *meso*, que se encuentra principalmente en el peptidoglicano. Los principales constituyentes de la pared celular de los actinomicetos (Lechevalier y Lechevalier, 1970) son los siguientes: La composición del azúcar suele proporcionar información valiosa sobre la clasificación e identificación de los actinomicetos. Las células de actinomicetos contienen algunos tipos de azúcares, además de la glucosamina y el ácido murámico del peptidoglicano. El patrón de azúcar desempeña un papel fundamental en la identificación de los esporulados actinomicetos que tienen meso-DAP en sus paredes celulares. Sin embargo, los actinomicetos que tienen LL-DAP junto con glicina (quimio de pared tipo I) no tienen un patrón característico de azúcares (Lechevalier y Lechevalier, 1970) y por lo tanto la prueba de azúcar en toda la célula no ha recibido mucha atención aquí.

3.3. Enfoque clásico

Los enfoques clásicos para la clasificación utilizan caracteres morfológicos, fisiológicos y bioquímicos. El método clásico descrito en la clave de identificación de Nonomura (1974) y en el Manual de Bacteriología Determinante de Bergey (Buchanan y Gibbons, 1974) es muy útil para la identificación de estreptomicetos. Estas características se han empleado comúnmente en la taxonomía de los estreptomicetos durante muchos años. Son muy útiles en la identificación rutinaria. Estas características son el color de la masa aérea, los pigmentos melanoides, los pigmentos del reverso, los pigmentos solubles, la morfología de la cadena de esporas, la superficie de las esporas y la asimilación de la fuente de carbono.

c) RA Cadenas de esporas (400X)

Figura 1:

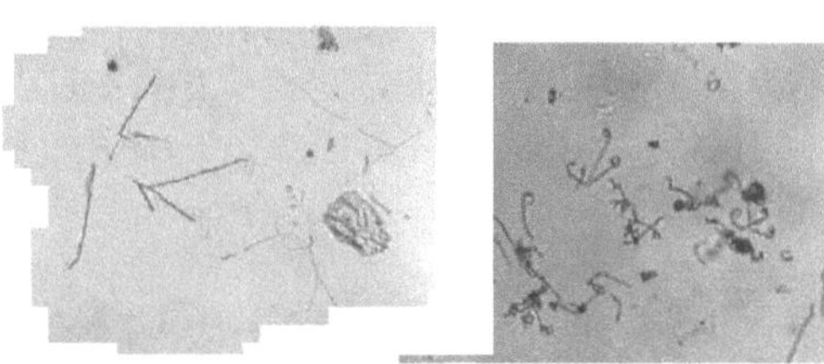

(a) Cadenas de esporas RF (400X)   (b) Cadenas de esporas en espiral (400X)

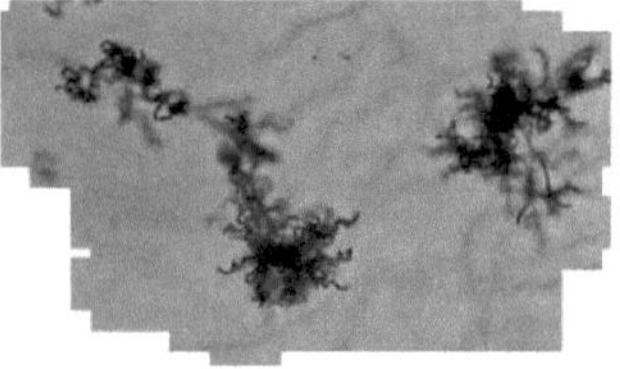

3.4. Enfoque taxonómico numérico

La taxonomía numérica implica el examen de muchas cepas para un gran número de caracteres antes de asignar el organismo de prueba a un grupo basado en características compartidas. Los taxones definidos numéricamente son poliéticos; por lo tanto, ninguna propiedad individual es indispensable o suficiente para dar derecho a un organismo a pertenecer a un grupo. Una vez lograda la clasificación, se pueden seleccionar caracteres específicos o predictivos del grupo para su identificación (Williams *y otros*, 1983).

La taxonomía numérica fue aplicada por primera vez a *Streptomyces* por Silvestri *y otros* (1962). El estudio taxonómico numérico del género *Streptomyces* de Williams *y otros* (1983) supone la determinación de 139 caracteres unitarios para 394 cultivos tipo de *Streptomyces*; los conglomerados se definieron en niveles de similitud del 77,5% o el 81% de Ssm y el 63% de Sj, y se está utilizando el primer coefiante para definir los conglomerados. Su estudio incluye 23 clusters principales, 20 menores y 25 de un solo miembro.

La clasificación numérica del género *Streptomyces* de Kampfer *y otros* (1991) implica la determinación de 329 pruebas fisiológicas. Su estudio incluye 15 grupos principales, 34 grupos menores y 40 grupos de un solo miembro que se definen en un nivel de similitud del 81,5% Ssm utilizando el coeficiente de coincidencia simple (Sokal y Michener, 1958) y un nivel de similitud del 59,6 al 64,6% Sj utilizando el coeficiente Jaccard (Sneath, 1957). Así, la taxonomía numérica nos proporciona un marco invaluable para la taxonomía de *Streptomyces*, incluyendo la identificación de especies.

4. Antibióticos de los Actinomicetos

Las investigaciones sistemáticas del efecto de los actinomicetos sobre otros organismos del suelo, llevadas a cabo en nuestros propios laboratorios desde 1935 (Waksman, 1937, 1941, 1947), dieron como resultado en 1940 el aislamiento, en forma cristalina, de un antibiótico pigmentado que se denominó actinomicina. Algunos de los antibióticos, especialmente la estreptomicina y la neomicina, han encontrado una amplia aplicación práctica en el control de numerosas enfermedades humanas, animales y vegetales; más recientemente se ha demostrado que la actinomicina posee actividad contra ciertas formas de cáncer; la candicidina y la cándida prometen ser agentes antimicóticos. Casi todos ellos son de interés científico. Pronto se aislaron otros numerosos antibióticos en otros laboratorios de todo el mundo. En los últimos años, el campo de los antibióticos ha experimentado un desarrollo espectacular. La importancia cada vez mayor de estos compuestos en el control de las enfermedades humanas y animales, así como de ciertas enfermedades de las plantas, en la nutrición animal, en la conservación de los alimentos, en la preservación de los materiales biológicos y en otros campos del quehacer humano ha revolucionado la práctica médica y muchos de los hábitos de la vida moderna. Los antibióticos han añadido una riqueza incalculable a nuestra economía y han resultado directamente en la prolongación de millones de vidas humanas. También han introducido un nuevo concepto en nuestra comprensión de la vida microbiana en los entornos naturales y han contribuido en gran medida a nuestra comprensión de ciertas reacciones químicas en los sistemas biológicos.

Al trazar la historia de los antibióticos, que provocó una revolución en la ciencia médica y la práctica clínica, el futuro historiador designará sin duda los años 1939 a 1940 como un punto de inflexión en la historia de la medicina y también de la microbiología. En esos años comenzó un período que ya ha sido designado, médicamente hablando, como la Edad de los Antibióticos. Los actinomicetos han jugado un papel dominante en este desarrollo. Con la única excepción de la penicilina, han producido los antibióticos más importantes que se utilizan actualmente en la medicina, en la ciencia veterinaria y en la nutrición animal. La producción anual de antibióticos, en su mayoría producidos por los actinomicetos, ha alcanzado la colosal cifra de 2,5 millones de libras sólo en los Estados Unidos.

Además de la estreptomicina y la neomicina, los actinomicetos han aportado cloranfenicol, las tetraciclinas, las eritromicinas, las novobiocinas y los polienos, por nombrar sólo algunos. Numerosas plantas industriales en este país y en el extranjero se ocupan de la fabricación de antibióticos producidos por los actinomicetos. Hientos de laboratorios en todo el mundo se dedican a la búsqueda de nuevos antibióticos activos en enfermedades que no están sujetas a control en la actualidad; en esta búsqueda, los actinomicetos y sus antibióticos juegan un papel dominante.

Mesa no. 1: Antibióticos producidos por Actinomicetos

S.No.	Antibiótico	Fuente	Activo contra
1	Amphomycin	*Streptomyces canus*	Bacterias Gram positivas
2	Anfotericina B	*Streptomyces nodosus*	Levadura, hongos
3	Blasticidin S	*Streptomucyes Griseocromogenes*	Hongos
4	Candicidina B	*Streptomyces griseus*	Levadura, hongos
5	Cloramfeniodo	*Streptomyces venezuelae*	Gram-positivo y Bacterias Gram-negativas; Rickettsiae
6	Cicloheximida	*Streptomyces griseus*	Hongos
7	Cicloserina	*Streptomyces orchidaceus*	Bacterias Gram-positivas y TB
8	Dactinomicina	*Antibiótico Streptomyces*	Bacterias Gram positivas; principio antitumoral
9	Erythromycin	*Streptomuces erythreus*	Bacterias Gram positivas
10	Higromicina	*Streptomyces hygroscopicus*	Bacterias Gram-positivas y Gram-negativas y TB
11	Kanamycin	*Streptomuces kanamyceticus*	Bacterias Gram-positivas, Gram-negativas y TB
12	Leucomicina	*Streptomyces kitasoensis*	Bacterias Gram positivas
13	Lincomicina	*Streptomuces lincolnensis*	Bacterias Gram-positivas, Gram-negativas y TB
14	Neomicinas	*Streptomyces fradiae*	Bacterias Gram-positivas, Gram-negativas y TB
15	Novobiocina	*Streptomyces niveus*	Bacterias Gram positivas
16	Nistatina	*Streptomyces noursei*	Hongos y levadura
17	Oleandomicina	*Antibiótico Streptomyces*	Bacterias Gram-positivas, Gram-negativas y TB; protozoos

18	Pristinamicina	*Streptomyces sp.*	Bacterias Gram positivas
19	Rifomicina SV	*Streptomyces mediterranei*	Gram + ve, bacteria de la tuberculosis
20	Espiramicina	*Streptomyces ambofaciens*	Gram-positivo y Bacterias Gram-negativas; Rickettsiae
21	Estafilomicina	*Streptomyces virginiae*	Bacterias Gram positivas
22	Estendomicina	*Streptomyces endus*	Gram-positivo y Bacterias Gram-negativas
23	Estreptomicina y derivados químicos	*Streptomyces griseus*	Bacterias Gram-positivas, Gram-negativas y TB
24	Tetraciclina y derivados químicos	*Streptomyces aureofaciens*	Gram-positivo y Bacterias Gram negativas; Rickettsiae
25	5Hidroxitetraciclina	*Streptomyces rimosus*	Gram-positivo y Bacterias Gram-negativas; Rickettsiae
26	Thiostrepton	*Streptomyces azureus*	Bacterias Gram positivas
27	Tricomicina	*Streptomyces hachijoensis*	Hongos y levadura
28	Tilosina	*Streptomyces fradiae*	Bacterias Gram positivas
29	Vancomicina	*Streptomyces orientalis*	Gram-positivo y TB Bacterias
30	Viomicina	*Streptomyces floridae*	Bacterias Gram-positivas, Gram-negativas y TB

5. Aplicaciones

5.1. Los actinomicetos como fuente de compuestos agroactivos

Los actinomicetos han sido y siguen siendo la fuente más fructífera de microorganismos para
todos los tipos de metabolitos bioactivos, incluidos los de tipo agroactivo.
Durante el período 1988-1992

se descubrieron más de
un millar de metabolitos secundarios
de los actinomicetos.
La mayoría de estos compuestos son producidos por diversas especies del género
Estreptomices. De hecho, alrededor del 60% de los nuevos insecticidas y herbicidas de
los que se ha informado
en los últimos 5 años proceden de *Streptomyces* (Tanaka y Omura, 1993). También se
estima
que hasta tres cuartas partes de todas las especies de estreptomicetos son capaces de
producir antibióticos
(Alexander, 1977).los actinomicetos producen una variedad de antibióticos
con diversas estructuras químicas como poliquetos, b-lactámicos y
39péptidos además de una variedad de otros metabolitos secundarios que tienen
actividades antimicóticas, antitumorales e inmunosupresoras (Behal, 2000). La
kasugamicina es un metabolito bactericida y fungicida descubierto por en *Streptomyces*
kasugaensis (Umezawa *y otros*, 1965). Este antibiótico actúa como inhibidor de la
biosíntesis de las proteínas en los microorganismos, pero no en los mamíferos, y sus
propiedades toxicológicas son excelentes.

Hokko Chemical Industries desarrolló un proceso de producción para comercializar la
kasugamicina sistémicamente activa para el control de la ráfaga de arroz *Pyricularia oryzae*
Cavara y las enfermedades bacterianas *Pseudomonas* en varios cultivos. La polioxina B y
D fue aislada como metabolitos de *Streptomyces cacaoi* var. *asoensis* por Isono et al. (1965)
como una nueva clase de fungicidas naturales. El modo de acción de las polioxinas las hace
muy aceptables con respecto a las consideraciones ambientales. Interfieren en la síntesis de
la pared celular de los hongos inhibiendo específicamente la quitina sintasa (Endo y Misato
1969). La polioxina B encontró aplicación contra varios patógenos fúngicos en frutas,
verduras y plantas ornamentales. La polioxina D es comercializada por varias empresas
para controlar el tizón de la vaina del arroz causado por *Rhizoctonia solani* Kuhn. La
familia de la validamicina fue detectada por los investigadores de Takeda en 1968 en un
ensayo realizado en un invernadero al examinar los extractos de estreptomicetos para
determinar su actividad contra el tizón de la vaina del arroz. Se descubrió que la
validamicina A es un pro-droga que se convierte dentro de la célula del hongo en
validoxilamina A, un inhibidor extremadamente fuerte de la trehalasa (Kameda y otros,
1987). Este modo de acción confiere a la validamicina A una selectividad biológica

favorable porque los vertebrados no dependen de la hidrólisis del disacárido trehalosa para su metabolismo. El aislamiento del metabolito antifúngico mildiomicina de un cultivo de *Streptoverticillium rimofaciens*, Niida, fue notificado en 1978, también por los científicos de Takeda (Iwasa y otros, 1978). La mildiomicina es muy activa contra varios mildiúes polvorientos en diversos cultivos (Harada y Kishi 1978), actuando como inhibidor de la biosíntesis de la proteína fúngica (Feduchi y otros 1985). Su baja toxicidad en los vertebrados la convertiría en un agente de protección de cultivos ambientalmente racional (Harada y Kishi 1978), pero el hecho de que este producto nunca apareciera en publicaciones recientes indicaría, sin embargo, que los esfuerzos de Takeda por desarrollar la mildiomicina podrían no tener éxito todavía.

Los compuestos mencionados anteriormente son algunos ejemplos de compuestos agroactivos aislados de actinomicetos. Hasta hace poco tiempo, los procedimientos químicos y de selección microbiana eran los principales instrumentos para descubrir nuevos compuestos agroactivos. Sin embargo, las tecnologías genómicas que permiten una rápida caracterización de los genomas microbianos se convertirán sin duda alguna en el método de elección para el descubrimiento de nuevas moléculas bioactivas en los próximos años. Además, las técnicas moleculares como la biosíntesis combinatoria (Hutchinson 1999) pueden conducir al descubrimiento de fármacos que no se encuentran en la naturaleza. De hecho, los dominios genéticos, los módulos y las agrupaciones que intervienen en la biosíntesis microbiana de los metabolitos secundarios conocidos pueden intercambiarse y modificarse para producir productos bioactivos con propiedades únicas.

5.2. Los actinomicetos como herramientas de biocontrol: El uso excesivo de fungicidas químicos en la agricultura ha llevado al deterioro de la salud humana, la contaminación ambiental y el desarrollo de la resistencia de los patógenos a los fungicidas. Debido a estos problemas en el control de las enfermedades causadas por hongos, es necesario realizar una búsqueda seria para identificar métodos alternativos para la protección de las plantas, que sean menos dependientes de los productos químicos y más respetuosos con el medio ambiente. Los antagonistas microbianos se utilizan ampliamente para el biocontrol de las enfermedades fúngicas. Los actinomicetos son la principal fuente de antimicóticos, por lo que se utilizan mucho en el ámbito farmacológico y comercial. Estos son los metabolitos secundarios de los actinomicetos. La actividad antagónica de los actinomicetos con los patógenos fúngicos suele estar relacionada con la producción de compuestos antimicóticos contra *Fusarium oxysporum*, *Sclerotinia minor* y *Sclerotinia rolfsii* (Lim y otros, 2000). El control biológico de las enfermedades de las plantas ha recibido atención mundial en los últimos años, principalmente como respuesta a la preocupación pública por el uso de productos químicos peligrosos en el medio ambiente. Los actinomicetos del suelo, en particular *Streptomyces sp, aumentan la* fertilidad del suelo y tienen una actividad antagónica contra una amplia gama de patógenos vegetales transmitidos por el suelo (Aghighi y otros, 2004).

Se ha informado de que la cepa K61 de *Streptomyces griseoviridis*, aislada originalmente de la turba de color claro de Sphagnum (Tahvonen 1982a, 1982b), es antagónica a una variedad de patógenos de plantas. La cepa K61 de *Streptomyces griseoviridis* se utiliza en el tratamiento por inmersión de las raíces o como nutriente de crecimiento de flores cortadas, plantas en maceta, pepinos de invernadero y otras hortalizas diversas (Mohammadi y Lahdenpera 1992). MycostopTM (desarrollado por Kemira Oy) es un biofungicida que contiene *S. griseoviridis* como ingrediente activo. Este producto está disponible en los Estados Unidos (Cross y Polonenko 1996) y en Europa (Tahvonen 1982a).

Proteínas involucradas en el Biocontrol: Los actinomicetos tienen la capacidad de producir una amplia variedad de enzimas extracelulares que les permiten degradar varios biopolímeros en el suelo. La capacidad de los actinomicetos de producir enzimas extracelulares recibió una atención renovada debido a su importante función en el control biológico. En particular, se han observado numerosas correlaciones entre el antagonismo fúngico y la producción bacteriana de quitinasas o glucanasas (Fayad *y otros*, 2001; Lim *y otros,* 1991; Valois *y otros*, 1996). La quitina y los b-1,3-glucanos son importantes constituyentes de muchas paredes celulares fúngicas (Sietsma y Wessels 1979), y varios trabajadores han demostrado la lisis in vitro de las paredes celulares fúngicas ya sea por medio de quitinasas o glucanasas bacterianas solas o por una combinación de ambas enzimas (Fiske *y otros* 1990; Ordentlich *y otros* 1988).

Recientemente se han realizado varios intentos de probar la hipótesis de que las enzimas hidrolíticas pueden contribuir a la eficacia del biocontrol, utilizando enfoques tanto genéticos como moleculares. Se ha demostrado que la enmienda del suelo con ciertos sustratos orgánicos, en particular la quitina, aumenta la proliferación de *Streptomyces* (Kutzner, 1981), así como su producción de quitinasas (Trejo-Estrada *y otros*, 1998). También se observó que los abonos maduros enmendados con residuos de quitina adquirieron propiedades supresoras contra varios patógenos de plantas (Cote *y otros*, 2001; Labrie *y otros*, 2001; Roy *y otros*, 1997). En estos compostes supresores, la población microbiana se caracteriza por la proliferación de bacterias Gram-positivas que pertenecen principalmente al grupo bacteriano de los actinomicetos (Labrie *et al*., 2001). La quitina se encuentra en la cutícula de los insectos y en el caparazón de los crustáceos y moluscos, así como en las paredes celulares de la mayoría de los grupos taxonómicos de hongos. La quitina en las paredes celulares de los hongos está normalmente presente en un estado cristalino muy rígido. Sin embargo, en el ápice hifal, la quitina es sensible a los tratamientos con HCl diluido o quitinasa (Wessels *et al*., 1990). La sensibilidad de la pared celular del hongo a las enzimas líticas se ha explotado utilizando bacterias productoras de quitinasa para controlar los hongos fitopatógenos en la rizosfera. Durante el último decenio, las quitinasas han recibido una mayor atención debido a su amplia gama de aplicaciones. Dado que algunas paredes celulares son ricas en quitina, la aplicación potencial de la quitinasa para el control biológico de los fitopatógenos fúngicos es prometedora.

Las cepas productoras de quitina, incluidos los actinomicetos, podrían utilizarse directamente en el control biológico de los hongos o indirectamente mediante el uso de proteínas purificadas o la manipulación de genes. Yuan y Crawford (1995) investigaron los mecanismos que intervienen en el control de las enfermedades de las raíces y las semillas de los hongos mediante un agente de biocontrol *antimicótico, Streptomyces lydicus* WYEC108, un organismo que se aisló de la rizosfera de las plantas de lino y que produce tanto antibióticos antimicóticos como quitinasa extracelular.

Muchas especies de *Streptomyces* son descomponedores de lignocelulosa (Chamberlain y Crawford 2000) y son fuentes de antibióticos (Tanaka y Omura 1993). Las cepas que tienen tanto la capacidad de degradar la lignocelulosa como de antagonizar los patógenos de las raíces de los hongos deberían tener un buen potencial para convertirse en un producto de biocontrol, que podría ser útil para los cultivadores o administradores de céspedes, para controlar tanto la acumulación de paja como las enfermedades micóticas del césped (Chamberlain y Crawford, 2000). La capacidad de degradar sustratos complejos también podría ser un activo en el biocontrol. Doumbou *y otros* (1998) demostraron que los actinomicetos que degradan el taxtomin A, una fitotoxina producida por la sarna de la planta patógena *S., protegían a las plantas de papa en crecimiento* contra la sarna común. Las proteínas actinomícticas distintas de las hidrolasas también podrían participar en el control biológico. Por ejemplo, Vernekar *y otros* (1999) descubrieron un inhibidor alcalino de la proteasa (API) como una nueva clase de proteínas antimicóticas contra hongos fitopatógenos como *Alternaria*, *Fusarium* y *Rhizoctonia*. La actividad del API parece estar asociada a su capacidad de inhibir la proteasa alcalina serina de los hongos, que es indispensable para su crecimiento.

5.3. Antibiosis y biocontrol

Los actinomicetos producen una variedad de antibióticos con estructuras químicas diversas, como poliquetos, lactámicos y péptidos, además de una variedad de otros metabolitos secundarios que tienen actividades antimicóticas, antitumorales e inmunosupresoras (Behal, 2000). Se considera que los antibióticos son generalmente compuestos orgánicos de bajo peso molecular producidos por microbios. Se propone que la producción de antibióticos aumenta la aptitud del organismo para la supervivencia en el primer caso, al actuar como un mecanismo de defensa alternativo (químico) (Maplestone *et al.*, 1992). En varios estudios se ha informado del antagonismo entre los actinomicetos y una diversidad de fitopatógenos como *Alternaria*, *Fusarium*, *Macrophomina*, *Phytophthora*, *Pythium*, *Rhizoctonia*, *Verticillium* (Chattopadhyay y Nandi, 1982; Heisey y Putnam, 1986; Hussain *et al*, 1990; Iwasa *y otros*, 1970; Merriman *y otros*, 1974; Rothrock y Gottlieb, 1981, 1984; Sabaou y Bounaga, 1987; Trejo-Estrada *y otros*, 1998; Valois *y otros*, 1996; Wadi y Easton, 1985). La antibiosis como mecanismo de control biológico de las enfermedades de las plantas se ha estudiado en varios sistemas (Chamberlain y Crawford 1999; Crawford *y otros*, 1993; El- Abyad *y otros,* 1993; Kortemaa *y otros*, 1994). Gottlieb (1976) ha examinado las pruebas de que los antibióticos pueden ser producidos por miembros de la microflora del suelo en su entorno natural, y funcionan allí en una capacidad antagónica.

Numerosos experimentos han demostrado la dificultad de introducir un nuevo organismo en un suelo normal que ya tiene una población autóctona establecida y, en cambio, la facilidad con que se pueden introducir organismos en un suelo estéril (Gottlieb 1976). Esos experimentos demuestran claramente que los microorganismos en el suelo están en competencia directa, de modo que cualquier factor que mate a otros organismos sería ciertamente ventajoso para el productor. Las pruebas no demuestran que los antibióticos sean responsables del antagonismo competitivo entre las especies, ya que, hasta ahora, los antibióticos no se han aislado físicamente del suelo. Sin embargo, hay pruebas para la detección analítica de los antibióticos en el suelo; en particular, Zviagintsev *y otros* (1976) han demostrado que el antibiótico heliomicina es producido por *Actinomyces olivocinereus*

Vinogradova en un suelo no esterilizado y sin suplementos. Utilizaron el método de la microscopía fluorescente, utilizando la fluorescencia intrínseca del actinomiceto, para observar el desarrollo del precursor y la síntesis del antibiótico directamente en el suelo. Demain (1980, 1989) ha presentado pruebas de que los antibióticos se producen efectivamente en la naturaleza y están implicados en la competencia entre bacterias, hongos y amebas y entre microorganismos y plantas superiores, insectos o animales grandes. Por ejemplo, los mutantes de *Gliocladium virens*, Miller y otros muestran una fuerte correlación entre la capacidad de producir el antibiótico gliovirina y la capacidad de proteger las plántulas de algodón de las enfermedades causadas por el fitopatógeno, *Pythium ultimum* (Howell y Stipanovic 1983). Esto indica que los antibióticos actúan efectivamente en capacidades antagónicas en la naturaleza.

Rothrock y Gottlieb (1984) presentaron pruebas de que el antibiótico geldanamicina es producido en el suelo por *Streptomyces hygroscopicus* var. *geldanus, y* que el antibiótico explica el antagonismo de *S. hygroscopicus* var. *geldanus* con *Rhizoctonia solani* en el suelo. *Streptomyces hygroscopicus* var. geldanus inhibió el crecimiento de *R. solani* y controló la pudrición de la raíz de *Rhizoctonia* del guisante en el suelo previamente esterilizado si se incubaba durante 2 o más días antes de infestar el suelo con *R. solani y la plantación*. Los extractos de metanol de los suelos en los que el antagonista se incubó durante 2 o más días inhibieron el crecimiento de *R. solani*. La concentración de geldanamicina estaba presente en 88 g grs. de suelo en promedio, después de 7 d de incubación. El período de incubación necesario para la producción de antibióticos y el control de la enfermedad fue similar, sin que se produjera control de la enfermedad cuando no se detectaba ningún antibiótico. La enmienda del suelo con geldanamicina en cantidades equivalentes a las producidas después de dos o siete días de incubación controló la enfermedad y redujo el crecimiento saprofito del patógeno. *Streptomyces hygroscopicus var. geldanus cepa* EF-76 protegió la papa contra la costra común. Los mutantes de *S. hygroscopicus cepa* EF-76 defectuosos en la producción de geldanamicina perdieron la capacidad de controlar la enfermedad (Beausejour et al. 2001). El control de la sarna de la papa por otras dos cepas de *Streptomyces* (*S. diastatochromonogenes*) (Krainsky) Waksman y Henrici cepa PonSSII y S. scabies cepa PonR) también se demostró en un experimento de parcela de campo de 4 años (Liu *et al.*, 1995). Estas dos cepas produjeron antibióticos letales para las cepas patógenas de *S. scabies* en las pruebas de antibiosis. Ambas cepas disminuyeron significativamente la aparición de la sarna en los tubérculos de la papa en comparación con el tratamiento de control no enmendado. La cepa PonSSII tuvo numéricamente menos lesiones de sarna que la cepa PonR cada año. Esto está en correlación directa con el crecimiento más vigoroso y las mayores zonas de inhibición de PonSSII contra las cepas patógenas que las de las pruebas in vitro de PonR. Becker *et al* (1997) demostraron que la producción de antibióticos por la cepa supresora PonSSII podía ser estimulada o reprimida por la presencia de otras cepas de *Streptomyces* incluyendo las patógenas. Por lo tanto, la comunicación entre especies podría ser importante en la supresión de patógenos. *Streptomyces violaceusniger* YCED9 es un buen modelo como ejemplo del potencial de un estreptomiceto como agente de control biológico. Fue aislado en 1990 del suelo de la rizosfera y seleccionado originalmente por su potencial para suprimir la amortiguación en la lechuga causada por el ultimátum de *Pythium* (Crawford *y otros,* 1993).

Estudios posteriores del YCED9 revelaron que producía tres compuestos antimicrobianos. Entre ellos figuraban la nigericina, la geldanamicina y un complejo fungicida de compuestos similares al polen denominado AFA (actividad anti-fusarium) que incluía la guanidilfungina A (Trejo-Estrada *y otros,* 1998).

5.4. Actinomicetos contra las bacterias

Las infecciones graves causadas por bacterias se han vuelto resistentes a los antibióticos comúnmente utilizados y se han convertido en un importante problema de salud mundial en el siglo XXI [4]. El *Staphylococcus aureus*, por ejemplo, un patógeno virulento responsable de una amplia gama de infecciones, ha desarrollado resistencia a la mayoría de las clases de antibióticos (Enright, 2003). Los médicos y los funcionarios de salud pública se han enfrentado al *S. aureus resistente a los medicamentos adquiridos en los hospitales,* que también tiene resistencia a muchos antibióticos. Por lo tanto, es necesario redescubrir nuevas drogas activas contra estos patógenos resistentes a las drogas. La mayoría de los actinomicetos del suelo que son fuentes potenciales de medicamentos siguen siendo incultivables y, por lo tanto, inaccesibles para el descubrimiento de nuevos antibióticos. Goodfellow y Haynes revisaron la literatura sobre el aislamiento de actinomicetos y sugería que sólo el 10% de los actinomicetos están aislados de la naturaleza (Goodfellow y Haynes, 1984). La mayoría de los antibióticos que se utilizan hoy en día son derivados de productos naturales de actinomicetos y hongos (Butler y Buss, 2006; Newman y Cragg, 2007).

6. Perspectivas futuras

Varias publicaciones científicas indican que las especies de actinomices son capaces de controlar eficazmente los patógenos fúngicos y bacterianos. En la mayoría de los casos, los niveles de biocontrol alcanzados por los diversos actinomicetos en estudios de laboratorio o de ambiente controlado son suficientes para sugerir que podrían proporcionar una alternativa fiable y eficaz a los controladores químicos existentes.

Por lo tanto, unos pocos patógenos han sido controlados con éxito por las especies de actinomicetos, pero muchos intentos de desarrollar formulaciones de biocontrol han encontrado problemas en la práctica. A fin de desarrollar agentes de biocontrol de actinomicetos para su uso comercial, debe mejorarse la coherencia de su rendimiento. Para ello será necesario investigar en muchas esferas diversas, porque el control biológico es la culminación de complejas interacciones entre el huésped, el patógeno, el antagonista y el medio ambiente. Las nuevas investigaciones para identificar los rasgos de los actinomices que funcionan como antagonistas de los patógenos son de importancia crítica, y la genética molecular ofrece el mejor enfoque para esos estudios. Por ejemplo, la mutagénesis transposon puede utilizarse para generar mutantes de actinomicetos deficientes en rasgos únicos de interés. Los mutantes pueden entonces evaluarse para establecer la importancia de esos rasgos para la capacidad de biocontrol de esa cepa de actinomicetos. La identificación de los rasgos importantes permite una selección más eficiente de nuevas cepas. Esos rasgos pueden alterarse aún más para que una cepa sea más eficaz. En última instancia, existe la posibilidad de manipular genéticamente agentes de biocontrol superiores moviendo los genes de una cepa a otra. La tecnología lux (White y otros 1996), que se basa en la transformación de las bacterias ambientales con genes del operón lux de las bacterias marinas Vibrio fischeri (Beijerinck) Lehmann y Neumann y V. harveyi (Johnson y Shunk) Baumann y otros, puede utilizarse con ese fin.

Las cepas transformadas son bioluminiscentes y, por lo tanto, constituyen un instrumento rápido y muy preciso para el estudio de la dinámica de la población, la actividad metabólica y la distribución espacial de actinomicetos específicos en muestras ambientales. También se necesitan investigaciones adicionales sobre los factores que afectan a la eficacia de los antimicrobianos basados en la actinomicetos. Mediante la identificación de esos factores, tal vez sea posible manipular estos **46**en el campo para mejorar la colonización de las raíces. También se necesitan más investigaciones sobre la formulación y el suministro de los preparados para que sigan siendo viables en condiciones menos que óptimas. Hay que tener presente que no se puede esperar que los cultivadores compren nuevo equipo o modifiquen sustancialmente el equipo o las prácticas agrícolas para adaptarlas a un tratamiento biológico.

Los equipos de investigación no deben pasar por alto los posibles efectos negativos vinculados al uso de las herramientas de biocontrol. Dado que el biocontrol suele estar asociado a la antibiosis, los patógenos podrían desarrollar resistencia a los antibióticos producidos por actinomicetos antagonistas. De hecho, Neeno-Eckwall y Schottel (1999, 2001) establecieron que los mutantes espontáneos de la cepa RB4 de la sarna patógena de Streptomyces que presentaban resistencia a un antibiótico producido por un aislado supresor de la sarna de la patata surgían con una frecuencia de 10 a 4. Los antibióticos producidos por los actinomicetos suelen tener un amplio espectro de acción. Por consiguiente, es preciso evaluar el efecto de los actinomicetos introducidos en organismos no objetivo. Recientemente se han presentado pruebas de la transferencia horizontal de genes de virulencia entre los estreptomicetos comunes que inducen la sarna y las especies saprofitas (Bukhalid y otros, 2002). La transferencia horizontal de genes entre los actinomicetos introducidos y los microorganismos autóctonos es otro riesgo asociado con el biocontrol que debe evaluarse.

7. Conclusión

En los últimos años se han controlado muchas enfermedades importantes gracias a los rápidos avances en el campo de la quimioterapia. Sin embargo, la mayoría de los patógenos han adquirido resistencia contra los antimicrobianos existentes, por lo que es muy importante examinar los hábitats naturales que probablemente contenían cepas nuevas de actinomicetos productores de antibióticos. Se ha obtenido de los microorganismos un gran número de agentes antagonistas de las bacterias patógenas. Algunos de ellos, como la penicilina, por ejemplo, se ha descubierto que poseen notables propiedades terapéuticas. Otros, como la estreptomicina y la estreptotricina, parecen prometedores como agentes para combatir organismos patógenos. La detección de cepas de actinomicetos en los vertederos de residuos podría ser muy útil para aislar nuevas cepas. La amplia especificidad de los antibióticos permitirá su uso contra la mayoría de los patógenos. Además, estas cepas también podrían resultar útiles para el tratamiento de ciertas enfermedades, que en algunos casos son causadas por bacterias, mohos y otros agentes que no han respondido a las sustancias quimioterapéuticas que se utilizan actualmente. Por esta razón, parece justificada la búsqueda continua de agentes antibióticos de valor terapéutico.

:

- Jones, D., Metzger, H. J., Schatz, A., y Waksman, S. A. **1944**. Control de bacterias gram negativas en animales de experimentación por estreptomicina. *Ciencia*. 100: 103.
- www.acswebcontent.acs.org
- Waksman, S. A., Horning, E. S., Welsch, M., y Woodruff, H. B. **1941**. Distribución de actinomicetos antagonistas en la naturaleza. *Soil Sci.*, 54: 281-296.
- Oskay, M., Tamer, A.U. y Azeri, C. **2004**. Actividad antibacteriana de algunos actinomicetos aislados en suelos agrícolas de Turquía. *African J Biotechnol,* 3 (9): 441 a 446.
- Baltz, R.H. **2005**. Descubrimiento de antibióticos de actinomicetos: ¿seguirá un renacimiento al declive y la caída? *SIM News*. 55: 186- 196.
- Baltz, R.H. **2007**. Antimicrobianos de actinomicetos: regreso al futuro. *Microbio*. 2:125-131.
- Beaman, B.L. **1981**. Mecanismos de patogénesis y resistencia del huésped a los actinomicetos. *Zbl. Bakt. Suppl.* 11:209-220.
- Berkow, R. y Fletcher, A.J. **1992**. The Merck Manual of Diagnosis and Therapy. Merck & Company Inc.; Rahway, NJ, USA.
- Goodfellow, M. y O'Donnell AG. **1989**. Búsqueda y descubrimiento de actinomicetos de importancia industrial. *Soc. Gen. Microbio. Symp.* 44:343383.
- Mustafa, S.A., Tamer, U.A. y Azer, C. **2004**. Actividad antibacteriana de algunos actinomicetos aislados en suelos agrícolas de Turquía. *Afr. J. Biotech.* 3:441-446.
- Fox, G.E. y Stackebrandt, E. **1987**. La aplicación de la catalogación del ARNr 16S y la secuenciación del ARNr 5S en la sistemática bacteriana. *Métodos Microbiol*. 19: 405-458.
- Goodfellow, M., y Cross, T. **1984**. Clasificación. Páginas 7-164 en M. Goodfellow,

M. Mordarski, y S.T. Williams (eds.), The biology of actinomycetes. Academic Press, Londres.

- Goodfellow, M., Ferguson, E.V. y Sanglier, J.J. **1992**. Numerical classification and identification of *Streptomyces species-a review. Gen.* 115: 225-233.

- Stackebrandt, E., y Woese, C.R. **1981**. Hacia una filogenia de los actinomicetos y organismos relacionados. *Curr. Microbiol.* 5 : 197-220.

- Crawford, D.L., Lynch, J.M. , Whipps, J.M. y Ousley, M.A. **1993**. Aislamiento y caracterización de los antagonistas de los actinomices de un patógeno de raíz fúngica. *Appl. Environ. Microbiol.* 59: 3899-3905.

- Franklin, T.J., Snow, G.A., Barrett-Bee, K.J. y Nolan, R.D. **1989**. Agentes antimicóticos, antiprotozoarios y antivirales. Páginas 137 a 161 en T.J. Franklin y G.A. Snow (editores), Bioquímica de la acción antimicrobiana, 4ª edición. Chapman & Hall, Nueva York.

- Lechevalier, H.A., y Waksman, S.A. **1962**. Los actinomicetos. III. Los antibióticos de los actinomicetos. Williams & Wilkins, Baltimore. 430 págs.

- Siva Kumar, K. **2001**. Actinomicetos de un entorno de manglar indio (Pichavaram): Un inventario. Tesis de doctorado, Universidad Annamalai, India, 91 págs.

- Vikineswary, S., Nadaraj, P., Wong, W.H. y Balabaskaran, S. **1997**. Actinomicetos de un ecosistema de manglares tropicales - Actividad antimicótica de determinadas cepas. *Asia Pacífico J. Mol. Biol. Boitec.* 5(2): 81-86.

- Rathna Kala, R. y Chandrika, V. **1993**. Effect of different media for isolation, growth and maintenance of actinomycetes from mangrove sediments. *Indian J. mar. sci.* 22: 297-299.

- Lakshmanaperumalsamy, P. **1978**. Estudios sobre actinomicetos con especial referencia a los *estreptomicetos* antagonistas de los sedimentos de la zona costera de Porto Novo. Tesis de doctorado, Universidad Annamalai, India, 192 págs.

- O'Donnell, A.G., Embley, T.M. y Goodfellow, M. **1993**. Future of Bacterial Systematics. In: Handbook of New Bacterial Systematics, Londres: Academic Press, págs. 513 a 524.

- Yokota, A. **1997**. Relación filogenética de los actinomicetos. Atlas de actinomicetos, Asakura Publishing Co. Ltd., Japón, págs. 194 a 197.

- Hapwood, D.A., Bill, M.J., Charter, K.F., Kieser, T., Bruton, C.J., Kieser, H.M., Lydiate, D.J., Smith, C.P., Ward, J.M. y Schrempf, H. **1985**. Manipulación genética de los *estreptomicetos*: A laboratory manual, John Innes Foundation,

Norwich, Reino Unido, 71 - 80 págs.

- Siva Kumar, K. **2001**. Actinomicetos de un entorno de manglar indio (Pichavaram): Un inventario. Tesis de doctorado, Universidad Annamalai, India, 91 págs.

- Xu L.H., Jin, X., Mao, P.M., Lu, Z.F., Cui, X.L. y Jiang, C.L. **1999**. Tres nuevas especies del género Actinobispora de la familia Pseudonocardiaceae, *Actinobispora alaniniphila* sp. nov., Actinobispora *aurantiaca sp. nov.* y *Actinobispora xinjiangensis sp.* nov.

- Cummins, C.S. y Harris, H. **1956**. Una comparación de la composición de la pared celular en *Nocardia, Actinomyces, Mycobacterium* y *Propionbacterium. J. Gen. Microbiol.* 15: IX.

- Lechevalier, M.P. y Lechevalier, H. **1970**. Composición química como criterio de clasificación de los actinomicetos aeróbicos. *Int. J. Syst. Bacteriol.* 20: 435-443.

- Nonomura, H. **1974**. Clave para la clasificación e identificación de 458 especies de *estreptomicetos* incluidas en la ISP. *J. Ferment. Technol.* 52(2): 78 -92.

- Buchanan, R.E. y Gibbons, N.E. **1974**. El manual de Bergey de bacteriología determinante. (Octava edición), The Williams and Wilkins Co., Baltimore, pp. 747-482.

- Shirling, E.B. y Gottlieb, D. **1966**. Methods for characterization of *Streptomycete* species. *Int. J. Syst. Bacteriol.* 16: 313-340.

- Williams, S.T., Goodfellow, M., Alderson, G., Wellington, E.M.H., Sneath, P.H. y Sakin, M.J. **1983**. Clasificación numérica de los *estreptomicetos* y géneros afines. *J. Gen. Microbiol.*, 129: 1743-1813.

- Silvestri, L.G., Turri, M., Hill, L.R. y Gilardi, E. **1962**. Un enfoque cuantitativo de la sistemática de los actinomicetos basado en la similitud general. *Simposio de la Sociedad de Microbiología General.* 12: 333-360.

- Kampfer, P., Kroppenstedt, R.M. y Dott, W. **1991**. Una clasificación numérica de los géneros *Streptomyces* y *Streptoverticillium* utilizando pruebas fisiológicas miniaturizadas. *J. Gen. Microbiol.* 137: 1831- 1891.

- Sokal, R. y Michener, C.D. **1958**. Un método estadístico para evaluar la relación sistemática. La Universidad de *Kanas, Ciencia de la Bullección.* 38: 14091438.

- Sneath, P.H.A. **1957**. La aplicación de las computadoras a la taxonomía. *J. Gen. Microbiol. 17:* 201 - 226.

- Waksman, S. A. y Woodruff, H. B. **1941**. *Actinomyces antibioticus,* un nuevo organismo del suelo antagonista de las bacterias patógenas y no patógenas, *J.*

Bacteriol. 42: 231-249.

- Waksman, S. A. **1947**. *Microbial Antagonisms and Antibiotic Substances,* The Commonwealth Fund, N.Y., 1a ed., 1945; 2a ed..

- Waksman, S. A. **1937**.   Efectos asociativos y antagónicos de microorganismos. I: Revisión histórica de las relaciones antagónicas, *Soil Sci.,* 43:51-68.

- Tanaka, Y., y Omura, S. **1993**. Agroactive compounds of microbial origin. Annu. Rev. *Microbiol.* 47 : 57-87.

- Alexander, M. **1977**. Introducción a la microbiología del suelo, 2ª ed. Krieger Publishing Company, Malabar, FL. 467 págs.

- Behal, V. **2000**. Productos bioactivos de *Streptomyces. Adv. Appl. Microbiol.* 47 : 113-157

- Umezawa, H., Okami, T., Hashimoto, T., Suhara, Y., Hamada, M., y Takeuchi, T. **1965**. Un nuevo antibiótico, kasugamicina. *J. Antibiot. Ser. A.* 18 : 101-103.

- Isono, K., Nagatsu, J., Kawashima, Y., y Suzuki, S. **1965**. Estudios sobre polioxinas, antibióticos antimicóticos. Parte I. Aislamiento y caracterización de las polioxinas A y B. *Agric. Biol. Química.* 29 : 848-854.

- Endo, A., y Misato, T. **1969**. Polioxina D, un inhibidor competitivo de la *UDP-N-acetilglucosaminiltransferasa* en *Neurospora crassa. Bioquímica. Biofísica. Res. Commun.* 37 : 718-722.

- Kameda, Y., Asano, N. , Yamaguchi, T. y Matsui, K.   **1987**. Validoxilaminas como inhibidores de la Trehalasa. *J. Antibiot.* 40 : 563-565.

- Iwasa, T., Yamamoto, H. y Shibata, M. **1970**. Studies on validamycins, new antibiotics.I. *Streptomyces hygroscopicus var. limoneus* nov. var., validamycin-producing organism. *J. Antibiot.* 23 : 595-602.

- Harada, S., y Kishi, T. **1978**. Aislamiento y caracterización de la mildiomicina, un nuevo antibiótico nucleósido. *J. Antibiot.* 31 : 519.

- Feduchi, E., Cosin, M. y Carrasco, L. **1985**. Mildiomicina: un antibiótico nucleósido que inhibe la síntesis de proteínas. *J. Antibiot.* 38 :415-419.

- Hutchinson, C.R. **1999**. Sintetasas microbianas de polikétidos: cada vez más prolíficas. *Proc. Acad. Nacional. Sci.* USA. 96 : 336-338.

- Lim, S.W., Kim, J.D., Kim, B.S. y Hwang, B. **2000**. Aislamiento e identificación numérica de la cepa S5-55 de *Streptomyces humidus antagonista de los hongos fitopatógenos. Plant Pathol. J.,* 16(4): 189-199.

• Aghighi, S., Bonjar, G.H.S., Rawashdeh, R., Batayneh, S. y Saadoun, I. **2004**. Primer informe sobre los espectros de actividad antimicótica de las cepas de actinomicetos iraníes contra *Alternaria solani, Alternaria alterna, Fusarium solani, Phytophthora megasperma, Verticillium dahlia* y *Saccharomyces cerevisiae. Asian J. Plant Sci.* 3(4): 463-471.

• Tahvonen, R. **1982a**. La capacidad de supresión de la turba de esfagno de color claro de Finlandia. *J. Agric. Sci. Finl.* 54 : 345-356.

• Tahvonen, R. **1982b**. Experimentos preliminares sobre el uso de *Streptomyces spp. aislados* de la turba en el control biológico del suelo y de las enfermedades transmitidas por las semillas en el cultivo de la turba. *J. Agric. Sci. Finl.* 54 : 357-369.

• Mohammadi, O., y Lahdenpera M.L. **1992**. Mycostop biofungicida en la práctica. Páginas 1 a 7 del 10º Simposio Internacional sobre fungicidas modernos y antifúngicos Coumpounds. Turingia (Alemania).

• Fayad, K., Simao-Beaunoir, A.M., Gauthier, A., Leclerc, C., Mamady, H., Beaulieu, C. y Brzezinski, R. **2001**. Purificación y propiedades de una b- 1,6-glucanasa de *Streptomyces sp.* EF-14, un actinomiceto antagonista de Phytophthora spp. *Appl. Microbiol. Biotecnología.* 57 : 117123.

• Lim, H., Kim, Y., y Kim, S. **1991**. Enumeración e identificación de las bacterias de la rizosfera por inmunotécnicas avanzadas. Páginas 231-237 en C. Keel, B. Koller, y G. Defago (eds.), Plant Growth-Promoting Rhizobacteria-Progress and Prospects. Boletín de la IOBC/WPRS 14.

• Valois, D., Fayad, K., Barasubiye, T., Gagnon, M., Dery, C., Brzezinski, R. y Beaulieu, C. **1996**. Glucanolytic actinomycetes antagonista de *Phytophtora fragariae* var. rubi, el agente causal de la podredumbre de la raíz de frambuesa. *Appl. Environ. Microbiol.* 62 : 1630-1635.

• Sietsma, J.A., y Wessels, J.G.H. **1979**. Evidencia de vínculos covalentes entre quitina y b-glucano en una pared de hongos. *J. Gen. Microbiol.* 114 : 99108.

• Fiske, M.J., Tobey-Fincher, K.L., y Fuchs, R.L. **1990**. Clonación de dos genes del *Bacillus circulans* WL-12 que codifican la actividad de la 1,3-glucanasa. *J. Gen. Microbiol.* 136 : 2377-2383.

• Ordentlich, A., Elad, Y. y Chet, I. **1988**. El papel de la quitinasa de *Serratia marcescens* en el biocontrol de *Sclerotium rolfsii*. Am. *Phytopathol. Soc. Monogr.* 78 : 64-88.

- Kutzner, H.J. **1981**. La familia Streptomycetaceae. Páginas 2028-2090 en M.P. Starr, Stolp, H., Truper, H.G., Baloes, A., y Schlegel, H. (eds.), The prokaryotes: a handbook on habitats, isolation and identification of bacteria. Vol. 2. Springer-Verlag, Berlín.

- Trejo-Estrada, S.R., Paszczynski, A. y Crawford, D.L. **1998**. Antibióticos y enzimas producidos por el agente de control biológico *Streptomyces violaceusniger* YCED-9. *J. Ind. Microbiol Biotechnol.* 21 : 81-90.

- Cote, N., Hogue, R., Beaulieu, C. y Brzezinski, R. **2001**. Efecto supresor del abono a base de desechos de quitina en la costra común de la patata. Páginas 155-161 en R.A.A. Muzzarelli (ed.), Chitin Enzymology 2001. ATEC Edizioni, Ancona.

- Labrie, C., Leclerc, P., Cote, N., Roy, S., Brzezinski, R., Hogue, R. y Beaulieu, C. **2001**. Effect of chitin waste based composts produced by two phases composting on two oomycete plant pathogens. *Plant Soil* 235 : 27-34.

- Roy, S., Leclerc, P., Auger, F., Soucy, G., Moresoli, C., Cote, L., Potvin, D., Beaulieu C., y Brzezinski, R. **1997**. Un novedoso proceso de compostaje en dos fases que utiliza cáscaras de camarón como enmienda a la biomasa parcialmente compostada. *Compost Sci. Util.* 5 : 52- 64.

- Waksman, S. A., Bugie, E., y Schatz, A. **1944**. Aislamiento de sustancias antibióticas de los microorganismos del suelo, con especial referencia a la estreptocina y la estreptomicina. Reuniones *del personal de la Clínica Mayo*, 19: 537549.

- Wessels, J.G.H., Mol, P.C., Sietsma, J.H. y Vermeulen, C.A**. 1990.** Estructura de la pared, crecimiento de la pared, y morfología de las células fúngicas, y taxonomía de los hongos. Páginas 81 a 95 en Kuhn, P.J., Trinci, A.P.J., Jung, M.J., Goosey, M.W., y Coppimg L.G. (eds.), Bioquímica de las paredes y membranas celulares en los hongos. Springer-Verlag, Berlín.

- Yuan, W.M., y Crawford, D.L. **1995**. Caracterización de *Streptomyces lydicus* WYEC108 como posible agente de biocontrol contra la podredumbre de las raíces y las semillas de hongos. *Appl. Environ. Microbiol.* 612 : 3119-3128.

- Chamberlain, K., y Crawford, D.L. **2000**. Biodegradación de la paja y actividades antifúngicas de dos cepas de *Streptomyces* lignocelulolíticos en cultivos de laboratorio y en césped de golf. *Can. J. Microbiol.* 46 : 550-558.

- Doumbou, C.L., Akimov, V. y Beaulieu, C. **1998**. Selección y caracterización de microorganismos que utilizan el taxtomin A, una fitotoxina producida por la sarna de *Streptomyces*. *Appl. Environ. Microbiol.* 44 : 43134316.

- Vernekar J.V., Ghatge, M.S., y Deshpande, V.V. **1999**. Inhibidor alcalino de la proteasa: una nueva clase de proteínas antimicóticas contra los hongos fitopatógenos. *Bioquímica. Biofísica. Res. Commun.* 262 : 702-707.

- Maplestone, R.A., Stone, M.J., y Williams, D.H.. **1992**. El papel evolutivo de los metabolitos secundarios - una revisión. *Gen* 115 : 151-157.

- Chattopadhyay, S.K., y Nandi, B. **1982. Inhibición** de *Helminthosporium oryzae* y *Alternaria solani* por *Streptomyces longisporus* (Krasil'nokov) Waksman. *Planta de suelo*. 69 : 171-175.

- Heisey, R.M., y Putnam, A.R. 1986. Efectos herbicidas de la geldanamicina y la nigericina, antibióticos de *Streptomyces hygroscopicus*. J. Nat. Prod. 49 : 859-65.

- Hussain, S., Ghaffar, A., y Aslam, M. 1990. Biological control of *Macrophomina phaseolina* charcoal rot rot rotura de girasol y haba mungo. *J. Phytopathol*. 130 : 157- 160.

- Iwasa, T., Yamamoto, H., y Shibata, M. 1970. Studies on validamycins, new antibiotics.I. *Streptomyces hygroscopicus var. limoneus* nov. var., validamycin-producing organism. *J. Antibiot*. 23 : 595- 602.

- Merriman, P.R., Price, R.D., Kollmorgen, J.F., Piggott, T., y Ridge, E.H. 1974. Efecto de la inoculación de semillas con *Bacillus subtilis* y *Streptomyces griseus* en el crecimiento de los cereales y las zanahorias. *Aust. J. Agric. Res*. 25 : 219226.

- Rothrock, C.S. y D. Gottlieb. 1981. Importancia de la producción de antibióticos en el antagonismo de determinadas *especies de Streptomyces* con dos patógenos vegetales transmitidos por el suelo. J. Antibiot. 34 : 830-835.

- Rothrock, C.S. y D. Gottlieb. 1984. Role of antibiosis in antagonism of *Streptomyces hygroscopicus var. geldanus* to *Rhizoctonia solani in soil*. Can. J. Microbiol. 30 : 1440-1447.

- Sabaou, N., y N. Bounaga. 1987. Actinomicetos parásitos de los hongos: estudio de las especies, especificidad de la acción parasitaria al género Fusarium y antagonismo en el suelo a Fusarium oxysporium F. sp. albedinis (Killian y Marie) Gordon. Puede. J. Microbiol. 33: 445-451.

- Trejo-Estrada, S.R., A. Paszczynski, y D.L. Crawford. 1998. Antibióticos y enzimas producidos por el agente de control biológico *Streptomyces violaceusniger* YCED-9. J. Ind. Microbiol Biotechnol. 21 : 81-90.

- Valois, D., K. Fayad, T. Barasubiye, M. Gagnon, C. Dery, R. Brzezinski y C.

Beaulieu. 1996. Actinomicetos glucolíticos antagonistas de *Phytophtora fragariae var. rubi,* el agente causal de la podredumbre de la raíz de frambuesa. Appl. Environ. Microbiol. 62 : 1630-1635.

- Wadi, J.A. y G.D. Easton. 1985. Control de Verticillium dahliae mediante el recubrimiento de las semillas con bacterias antagonistas. Páginas 134-136 en C.A.
- Parker, A.D. Rovira, K.J. Moore, P.T.W. Wong, y J.F. Kollmorgen (eds.), Ecology and Management of Soilborne Plant Pathogens. Sociedad Americana de Fitopatología. St. Paul, MN.
- Chamberlain, K., y Crawford, D.L. 1999. Antagonismo in vitro e in vivo de los hongos patógenos del césped por las cepas *higroscópicas de Streptomyces* YCED9 y WYE53. J. Ind. Microbiol. Biotechnol. 23 : 641-646.
- Crawford, D.L., Lynch, J.M., Whipps, J.M. y Ousley, M.A. 1993. Aislamiento y caracterización de los antagonistas de los actinomices de un patógeno de raíz fúngica. *Appl. Environ. Microbiol.* 59 : 3899-3905.
- El-Abyad, M.S., El-Sayed, M.A., El-Shanshoury, A.R. y El-Sabbagh, S.M. 1993. Towards the biological control of fungal and bacterial diseases of tomato using antagonistic *Streptomyces spp. Plant Soil* 149 : 185-195.
- Kortemaa H., Rita, H. , Haahtela, K. y Smolander, A. 1994. Capacidad de colonización de raíces de *Streptomyces griseoviridis* antagonista. *Plant Soil* 163 : 77-83.
- Gottlieb, D. 1976. La producción de antibióticos en el suelo. *J. Antibiot.* 29 : 987-1000.
- Zviagintsev, D.G., Vinogradova, K.A. y Efremenkova, L.M. 1976. Detección microscópica inmediata de un actinomiceto en el suelo que produce un antibiótico luminiscente. *Mikrobiologiia* 45 : 337-341.
- Demain, A.L. 1980. ¿Funcionan los antibióticos en la naturaleza? *Búsqueda* 11 : 148151.
- Demain, A.L. 1989. Regulación de la fuente de carbono de la biosíntesis de la idiolita en los actinomicetos. Páginas 127 a 134 en S. Shapiro (ed.), Regulation of secondary metabolism in actinomycetes. CRC Press, Boca Ratón, FL.
- Howell, C.R., y Stipanovic, R.D. 1983. Gliovirin, un nuevo antibiótico de *Gliocladium virens*, y su papel en el control biológico del ultimátum de *Pythium. Puede. J. Microbiol.* 29 : 321-324.
- Rothrock, C.S., y Gottlieb, D.1984. Papel de la antibiosis en el antagonismo de

Streptomyces hygroscopicus var. geldanus a *Rhizoctonia solani* en el suelo. *Can. J. Microbiol.* 30 : 1440-1447.

- Beausejour, J., Agbessi, S. y Beaulieu, C. 2001. Cepas productoras de geldanamicina como agentes de biocontrol contra la sarna común de la papa. *Can. J. Plant Pathol.* 23 : 194.

- Liu, D., Anderson, N.A. y Kinkel, L.L. 1995. Control biológico de la sarna de la patata en el campo con la sarna antagonista de *Stretomyces*. Fitopatología 85 : 827-831.

- Becker D.M., Kinkel, L.L. y Schottel, J.L. 1997. Evidencia de la comunicación entre especies y su papel potencial en la supresión de patógenos en un suelo supresor de enfermedades que ocurre naturalmente. *Puede. J. Microbiol.* 43 : 985-990.

- Crawford, D.L., Lynch, J. M., Whipps, J. M., y Ousley, M. A. 1993. Aislamiento y caracterización de los antagonistas de los actinomices de un patógeno de raíz fúngica. *Appl. Environ. Microbiol.* 59 : 3899-3905.

- Trejo-Estrada, S.R., Paszczynski, A. y Crawford, D.L.. 1998. Antibióticos y enzimas producidos por el agente de control biológico *Streptomyces violaceusniger* YCED-9. *J. Ind. Microbiol Biotechnol.* 21 : 81-90.

- Enright M.C. 2003. La evolución de un patógeno resistente, el caso del SARM. *CCURR Opinion Pharmacol.* 3 (5): 474-479.

- Goodfellow M. y Haynes J.A. 1984. editores, Ortiz-Ortiz T.; Bojalil L.F. y Yakoleff V. *Academic Press, Londres*: 453-472.

- Butler M.S. y Buss A.D. 2006. Productos naturales - ¿los futuros andamios para los nuevos antibióticos? *Biochem Pharmacol.*71: 919-929.

- Newman D.J. y Cragg G.M. 2007. Los productos naturales como fuentes de nuevas drogas en los últimos 25 años. *J Nat Prod.* 70: 461-477.

Capítulo 3

Probióticos: Garantía de calidad y aplicaciones

Madhu Rathore* y Naveen Sharma.**

Instituto de Biotecnología y Ciencias Aliadas

Sikar, Rajasthan, INDIA

**Centro de Bioinformática Agrícola, IASRI, Campus de Pusa

Nueva Delhi-110012 INDIA

Correo electrónico: madhurathore25@gmail.com

Resumen:

Probiótico es un término relativamente nuevo que ha existido durante los últimos 20 años más o menos y que recientemente se ha convertido en una palabra de moda. Se trata de usar bacterias "buenas" para promover la salud. Los estudios clínicos sugieren que ciertos probióticos pueden ser útiles para tratar una variedad de diarreas, incluyendo la diarrea por rotavirus, la diarrea asociada a los antibióticos, la diarrea por *Clostridium difficile* y la diarrea del viajero. Los datos también sugirieron que los probióticos podrían ser útiles para controlar las enfermedades inflamatorias, tratar y prevenir las enfermedades alérgicas, prevenir el cáncer y estimular el sistema inmunológico, lo que podría reducir la incidencia de las enfermedades respiratorias. Además, los probióticos también realizan muchas funciones importantes como fortalecer el sistema inmunológico, ayudar en la digestión, ayudar en la absorción de nutrientes y regular nuestra ingesta calórica mediante señales al cerebro. En la actualidad se están investigando diferentes modos de administrar los probióticos, lo que podría conducir en última instancia al uso generalizado de los probióticos en los alimentos funcionales. Es importante que esas prácticas estén dirigidas por estudios clínicos cuidadosamente controlados y publicados en revistas revisadas por pares.

Palabras **clave**: Probiótico, diarrea, alimentos funcionales, salud, estudios clínicos

1. Introducción

Con el creciente interés en el autocuidado y la medicina integral, junto con nuestra población de baby boomer que se preocupa por la salud, el reconocimiento del vínculo entre la dieta y la salud nunca ha sido tan fuerte. Como resultado, el mercado de alimentos funcionales, o alimentos que promueven la salud más allá de proporcionar la nutrición básica, está floreciendo. Dentro de los alimentos funcionales, se encuentra el pequeño pero rápidamente creciente ámbito de los suplementos alimenticios de probióticos microbianos vivos que afectan de manera beneficiosa a un individuo al mejorar el equilibrio microbiano intestinal. El primer probiótico registrado fue la leche fermentada para consumo humano. Después de eso, los probióticos se hicieron populares en la nutrición animal. El papel de la leche fermentada en la dieta humana era conocido incluso en tiempos de los Vedas. Pero, el interés científico en esta área se incrementó después de la publicación del libro titulado *La Prolongación de la Vida* por Ellie Metchinkoff en 1908. Sugirió que la gente debería consumir leche fermentada que contiene lactobacilos para prolongar su vida. El envejecimiento acelerado se debe a la autointoxicación (toxemia crónica), que se debe a las toxinas producidas por la microflora intestinal. Los campesinos búlgaros que fueron sometidos a los experimentos sobre la longevidad habían consumido grandes cantidades de leche agria. La reacción patológica podría eliminarse y la esperanza de vida podría aumentar en un **59**

implantando bacterias de ácido láctico del yogur búlgaro. Desde entonces, los investigadores comenzaron a investigar el papel de las bacterias del ácido láctico en la salud humana y animal. Las bacterias del ácido láctico dietético (BLA) son conocidas sobre todo por su amplio uso en la preparación de alimentos y piensos fermentados. Sin embargo, el efecto promotor de la salud que determinadas cepas o especies de esta familia de bacterias pueden ejercer en los seres humanos o los animales también ha sido objeto de una activa investigación durante el último siglo. A pesar de sus posibles repercusiones socioeconómicas, las investigaciones relacionadas con los probióticos han sido bastante escasas durante muchos decenios (Sanders, 1993; Tannock, 1999). Aunque los recientes ensayos clínicos han corroborado los efectos dados, los mecanismos subyacentes a las acciones beneficiosas para la salud estudiadas siguen siendo muy desconocidos. Sólo existen unos pocos ejemplos en los que se ha atribuido a las bacterias del ácido láctico propiedades farmacéuticas fiables (Elmer y otros, 1996; Naidu y otros, 1999; Saavedra y otros, 1994) Actualmente, la esfera de los probióticos se beneficia del interés tanto de la industria como de los científicos capacitados en los múltiples necesarios para abarcar este complejo ámbito de investigación. Se prevé que la disponibilidad de instrumentos moleculares modernos ayudará, en el futuro próximo, a proporcionar una base científica sólida para los supuestos efectos sobre la salud. Un número impresionante de reseñas y libros han informado sobre la constante evolución de los conocimientos y el estado de la técnica en materia de probióticos (Naidu y otros, 1999; Dugas y otros, 1999; Salminen *y otros*, 1998). En este capítulo se describe todo lo relativo a la complejidad multidisciplinaria del campo de investigación de los probióticos y se aborda la correlación cruzada existente entre una serie de cuestiones clave en este campo. El desarrollo de productos probióticos exitosos se basará en estrategias claras de investigación interdisciplinaria que harán uso de- y tratarán de vincular la riqueza de la información ya disponible.

2. Situación pasada y presente:

Desde las primeras observaciones de Elie Metchnikoff, se han investigado los efectos beneficiosos del LAB en la salud humana y animal. Hace casi un siglo, este ganador del premio Nobel sugirió que la larga vida saludable de los campesinos búlgaros era el resultado de su consumo de productos lácteos fermentados. Creía que cuando se consumía, el bacilo fermentador (*Lactobacillus*) influía positivamente en la microflora del intestino, disminuyendo la "putrefacción" y las actividades microbianas tóxicas allí. E. Metchnikoff estableció que las bacterias no son necesariamente perjudiciales para el hombre, sino que, por el contrario, pueden desempeñar un papel importante en nuestro bienestar. Fue el primero en recomendar la ingestión de cultivos vivos de microorganismos benéficos como el LAB (Bibel, 1988; Metchnikoff, 1907). La teoría de Metchnikoff dio así nacimiento a **60**al concepto de "probiótico" "avant la lettre". Sin embargo, es mucho más tarde cuando la palabra "probiótico" (pro-"bios", es decir, pro-vida) fue propuesta por Parker (1974) para *"organismos y sustancias que contribuyen al equilibrio microbiano intestinal"*.

El efecto positivo de los probióticos en el ecosistema intestinal de su consumidor también está implícito en la definición dada por Fuller en 1989. Según este autor, "un probiótico es un suplemento alimenticio de microbios vivos que afecta de manera beneficiosa al animal huésped al mejorar su equilibrio microbiano intestinal" (Fuller, 1989). Aunque se refiere a la suplementación de los alimentos para animales, hoy en día la definición se aplica también a la situación humana y ha sido reformulada recientemente por Guarner y Schaafsma como "microorganismos vivos, que al ser ingeridos en cierto número, ejercen beneficios para la salud del huésped más allá de la nutrición básica inherente" (Garner y Schaafsma, 1998). A lo largo de los años se han propuesto muchas otras definiciones (Naidu *y otros*, 1999; Havenaar y otros, 1992; Salminen, 1996) pero ninguna de ellas ha recibido aceptación universal. Los puntos delicados del debate se refieren al lugar de actividad (cavidad oral, tracto gastrointestinal superior, tracto gastrointestinal inferior, vagina, piel, etc.), la viabilidad de la cepa probiótica (células muertas, vivas en el momento de la digestión, vivas en el lugar de actividad), la concentración de células necesarias para ejercer el efecto probiótico especificado, el uso de cultivos mono o mixtos, el formato de la ingesta y su portador (productos alimenticios (lácteos), complementos alimenticios, preparados farmacéuticos (polvos, tabletas o polvos encapsulados, etc.).), y su funcionalidad más allá de la nutrición básica inherente (influencia en el equilibrio nutricional; efecto en el equilibrio de la microflora autóctona; efecto en la fisiología intestinal; efecto en el sistema inmunológico mucoso y sistémico). En relación con la funcionalidad, el debate también se centra en la importancia de características como la adhesión, la translocación, la implantación, el compartimento local, etc. La falta de biomarcadores y/o tecnologías adecuadas para cuantificar directamente la presencia o la eficacia de las cepas probióticas (potenciales) suele ser la causa de estos debates en curso. Además, el hecho de que muchos de los supuestos beneficios de los probióticos estén relacionados con la prevención más que con la terapia dificulta una definición fiable. Como consecuencia, la diferencia entre las bacterias básicas del ácido lacídico de grado alimentario y las bacterias del ácido láctico "probióticas verdaderas" no está muy clara en todos los casos. Aún así, es generalmente aceptado que no todas las bacterias del ácido láctico tienen propiedades probióticas. También se han descrito efectos positivos para la salud de los "prebióticos", que fueron definidos por Gibson y Roberfroid como "ingredientes alimentarios no digeribles que afectan beneficiosamente al huésped estimulando selectivamente el crecimiento, la actividad o ambos, de una o un número limitado de especies bacterianas que ya residen en el colon".(Gibson y Roberfroid, 1995). El campo de los prebióticos corresponde también a un área activa de investigación, como se describe en exámenes recientes (véase, por ejemplo, (Fooks y Fuller, 1999; Gibson y Roberfroid, 1995; Crittenden, 1999; Roberfroid, 1998). La expresión "simbiótico" designa la combinación sinérgica de prebióticos y probióticos, un concepto que parece muy prometedor pero que todavía está en pañales (Roberfroid, 1998). Hoy en día, el mayor consumo de probióticos por los seres humanos en Europa se realiza en forma de alimentos a base de productos lácteos que contienen principalmente lactobacilos y/o bifidobacterias, aunque algunos preparados probióticos se basan en cepas de *Enterococcus* o levaduras como *Saccharomyces boulardii.* Como ya se ha mencionado, los probióticos también están a disposición de los consumidores en forma de polvos o tabletas que, al menos en los Estados Unidos, al igual que los productos lácteos, se obtienen principalmente de los puntos de venta al por menor, por lo general supermercados, tiendas de comestibles y tiendas de alimentos saludables. Esto contrasta con la impresionante lista de propiedades terapéuticas y profilácticas atribuidas al LAB que están relacionadas con el beneficio para la salud y por lo tanto, con la ciencia médica. Sin embargo, los estudios sobre los probióticos no se han realizado en el pasado con la misma lógica que la utilizada para el desarrollo de las drogas terapéuticas modernas. En particular, se han descuidado en su mayor parte los enfoques farmacocinéticos (Tannock, 1999; Marteau y Rambaud, 1993) Sin embargo, se puede observar un comienzo de entrada en el campo clínico o farmacéutico, a medida que se dispone de una mayor variedad de productos "de venta libre" (OTC) de los farmacéuticos. Muchos de estos productos, aunque no todos, han pasado por un procedimiento de registro, que, sin embargo, no siempre es comparable al procedimiento requerido para las drogas terapéuticas modernas. En la industria alimentaria, la comercialización de los probióticos está regulada por la legislación normal sobre alimentos con respecto al envasado y etiquetado de los productos alimenticios frescos. En esta legislación no se permiten declaraciones relacionadas con la salud, la prevención y la curación. Esto contrasta con, por ejemplo, Japón, donde se puede solicitar una "etiqueta FOSHU" específica.

3. Criterios para la garantía de calidad funcional

Los criterios que se utilizan actualmente para seleccionar los probióticos definen el control de calidad óptimo de las cepas de probióticos en la práctica industrial. Los probióticos se utilizan a menudo en alimentos fermentados y la fermentación actúa para retener y optimizar la viabilidad y la productividad microbiana y, al mismo tiempo, preservar las propiedades del probiótico. Las propiedades importantes de control de calidad que deben ser constantemente controladas y optimizadas son las siguientes: propiedades adhesivas; estabilidad de la bilis y los ácidos; viabilidad y supervivencia durante todo el proceso de fabricación; efectos en la utilización de los carbohidratos, las proteínas y las grasas; y, especialmente, propiedades de colonización e inmunogenicidad. La mayoría de los **62**Estas propiedades están relacionadas con las propiedades fisiológicas de la cepa, pero las condiciones de procesamiento industrial y de almacenamiento a largo plazo pueden influir en las propiedades probióticas. Así pues, además de las propiedades tecnológicas, las propiedades funcionales deben tenerse en cuenta en las medidas de control de calidad.

3.1 Estabilidad del ácido y la bilis

Para sobrevivir al paso por el estómago y el intestino delgado, las cepas probióticas deben tolerar las condiciones ácidas y ricas en proteasa del estómago, y sobrevivir y crecer en presencia de los ácidos biliares. La tolerancia al ácido también es importante para la supervivencia del probiótico en los alimentos (Lee y Salminen, 1995). Los vehículos alimentarios dominantes para los probióticos siguen siendo los yogures y las leches fermentadas, que proporcionan un entorno de pH relativamente bajo en el que las bacterias probióticas deben sobrevivir. Por lo tanto, la tolerancia a los ácidos es una de las primeras propiedades que se analizan al seleccionar las cepas de probióticos. La validación in vivo de la supervivencia a través del estómago humano es más difícil de obtener. Los ensayos in vitro que examinan el efecto inhibitorio de los ácidos biliares en el crecimiento de las cepas probióticas también son relativamente sencillos de realizar, aunque, una vez más, la extrapolación cuantitativa al rendimiento de los probióticos in vivo es difícil. Con frecuencia se observa una variación intraespecífica en la capacidad de crecimiento en presencia de bilis entre las posibles cepas probióticas, y pueden utilizarse ensayos in vitro para seleccionar las mejores cepas sobre una base relativa. Es probable que la tolerancia a los ácidos sea una propiedad relativamente intrínseca de las bacterias, y la acidificación del caldo de cultivo durante la fermentación también haría improbable la selección de variantes menos tolerantes a los ácidos si se practicara el subcultivo en serie. Sin embargo, faltan datos que demuestren la estabilidad a largo plazo de la tolerancia al ácido y a la bilis en los probióticos durante el subcultivo.

3.2 Estabilidad de la adhesión

La caracterización de la adhesión puede ser un importante método de control de calidad para evaluar la estructura de la superficie de las bacterias probióticas y los efectos conexos de barrera intestinal. En varios estudios, la adhesión se relacionó con un acortamiento de la duración de la diarrea, los efectos inmunogénicos, la exclusión competitiva y otros efectos sobre la salud (Salminen *y otros*, 1996; Salminen *y otros,* 1996; Malin *y otros*, 1997; Saavedra *y otros,* 1994; Isolauri *y otros*, 1991). La adhesión de las cepas de probióticos es variable. La adhesión en diferentes modelos in vitro varía incluso dentro de la misma cepa y las diferencias entre las cepas pueden ser significativas (Lehto y Salminen, 1997; Lehto y Salminen, 1996; Tuomola y Salminen, 1998). La adhesión de algunas cepas probióticas comunes se estudió utilizando una línea celular de carcinoma de colon humano (Caco-2) y glicoproteínas de illeostomía humana como modelos in vitro para el epitelio intestinal y el moco, respectivamente. La cepa más adhesiva a las células Caco-2 [*Lactobacillus casei* (Fyos)] se adhirió mal a las glicoproteínas de ileostomía, lo que indica que las propiedades superficiales necesarias para la adhesión a las células epiteliales y al moco pueden ser diferentes. Por lo tanto, los posibles cambios en la estabilidad de la adhesión deben examinarse utilizando más de un modelo. En la bibliografía se pueden encontrar algunos informes sobre la estabilidad de las propiedades de adhesión. Elo *y otros* (1991) comprobaron la estabilidad del *Lactobacillus* GG de diferentes lotes de producción y productos comparando la cepa original con cultivos utilizados durante un período más largo en procesos industriales. Si la adhesión se modifica durante los procesos industriales, también pueden alterarse otros rasgos probióticos. Las propiedades de adhesión, incluida la adhesión a las células intestinales (por ejemplo, Caco-2) y a los preparados de mucosa intestinal humana, deben vigilarse cuidadosamente. Estas mediciones de control constituyen la base de la colonización intestinal humana, los efectos sobre la salud y la futura vigilancia de los procedimientos de producción.

3.3 Viabilidad y propiedades durante la elaboración y el almacenamiento

El consumo de probióticos puede ayudar a la digestión de la lactosa, controlar las infecciones intestinales y equilibrar la barrera de la mucosa intestinal. Sin embargo, la mayoría de esos estudios se realizaron con preparaciones bacterianas viables, y la definición de un probiótico incluye la viabilidad como un factor importante (Salminen *y otros*, 1998; Fuller, 1989). La viabilidad de varias cepas en las leches fermentadas depende tanto del método de producción como de la cepa. Los estudios de una preparación probiótica definida para la prevención de la diarrea asociada a los antibióticos produjeron resultados contradictorios. En algunos estudios, Clements *y otros* (1983) informaron de que 1 de cada 2 lotes de un preparado de lactobacilos liofilizados reducía el volumen y la duración de la diarrea asociada a la neomicina. Un segundo lote no tuvo ningún efecto, aunque puede plantearse la cuestión de las diferencias de viabilidad entre los preparados. Es importante tener en cuenta la viabilidad porque muchas cepas ejercen efectos también en la forma inviable (Clements *y otros*, 1983; Salminen *y otros*, 1999). Es evidente que se necesitan más estudios sobre la viabilidad y los efectos en la salud.

4. Beneficios para la salud:

La lista de posibles rasgos promotores de la salud atribuidos en particular a los laboratorios de análisis de laboratorio es bastante impresionante (cuadro **2**). No obstante, como se reconoce unánimemente, aunque muchos

de estos efectos están respaldados por las pruebas cada vez más numerosas resultantes de diversos estudios *in vitro y* en animales, la mayoría de los cuales aún no han sido corroborados por estudios clínicos aleatorios doble ciego y controlados por placebo en seres humanos. Las indicaciones médicas comprobadas para el uso de probióticos se han obtenido principalmente en el caso de los siguientes trastornos gastrointestinales: intolerancia a la lactosa, diarrea asociada con antibióticos, recurrencia de diarrea recurrente debido a *Clostridium difficile* y acortamiento/reducción de la enteritis por rotavirus en los niños (Marteau y otros, 2001). Además, sobre la base de estudios clínicos recientes, se han propuesto los probióticos como un enfoque novedoso en el tratamiento de las enfermedades alérgicas, especialmente en los lactantes (Majamaa e Isolauri, 1997) y en el tratamiento y la prevención de las enfermedades inflamatorias del intestino (Majamaa e Isolauri, 2001; Hanauer y Dassopoulos, 2001). Es sorprendente que, si bien se está haciendo un importante esfuerzo para confirmar o probar todos los demás beneficios para la salud alegados, apenas se están iniciando los experimentos para desentrañar los mecanismos que subyacen a las diferentes acciones. En particular, se ha iniciado activamente el análisis de la interacción de las cepas de probióticos con diferentes componentes del sistema inmunológico (McCracken y Gaskins, 1999; Mercenier y otros, 1999; Blum y otros, 1999) o con líneas celulares intestinales (Vaughan y otros, 1999).

Como se mencionó anteriormente, es importante tener en cuenta que no todas las cepas de LAB muestran efectos "probióticos". Aunque es tentador especular que una especie mediará efectos específicos, y que se espera que diferentes cepas de una especie particular den efectos comparables, los resultados de la investigación no apoyan esta conclusión. Para muchos objetivos, las cepas individuales de lactobacilos, bifidobacterias y otros géneros han mostrado efectos positivos. Dado que las comparaciones directas a nivel de cepa, especie o género son muy poco frecuentes, es imposible hacer generalizaciones sobre el rendimiento probiótico a nivel de género y especie. La variabilidad fenotípica y genotípica observada entre los aislados pertenecientes a una especie bien establecida hace imposible, en la actualidad, generalizar la eficacia probiótica. También es poco probable que una sola cepa tenga la multitud de beneficios propuestos. La evolución natural y los procesos de adaptación han dado lugar a una variación mundial en las estrategias de supervivencia de las bacterias. Según el nicho en el que tengan que establecerse (piel, estómago, intestino, vagina, etc.), cabe esperar una multitud de posibles mecanismos de supervivencia, algunos de los cuales pueden ser beneficiosos para el huésped ("probiótico"), mientras que otros pueden ser perjudiciales. Es muy poco probable que una sola cepa haya adquirido todas las adaptaciones beneficiosas. Así pues, para proseguir la investigación y el desarrollo en materia de probióticos será necesario establecer criterios para los efectos probióticos y realizar los análisis moleculares necesarios para medir y confirmar los efectos fisiológicos, metabólicos, inmunológicos y ecológicos postulados. La investigación sobre los probióticos tendrá que utilizar instrumentos biológicos modernos para identificar los determinantes genéticos y la naturaleza exacta de los acontecimientos que conlleva. Esto podría lograrse, por ejemplo, comparando los pares isogénicos de cepas afectadas de manera definida, en los factores de actividad probiótica propuestos, como la adhesión, la producción de bacteriocina, la composición de la pared celular, etc., que se postula actualmente que son mediadores de propiedades sanitarias específicas (Kullen y Klaenhammer, 1999; Sanders, 1998; Klaenhammer, 1995). Además, será fundamental establecer modelos funcionales validados, preferiblemente *in vitro*, que permitan una selección previa adecuada de las cepas de probióticos que presenten la propiedad deseada y carezcan de características potencialmente perjudiciales. Esto se basará, por una parte, en la verificación de una hipótesis de trabajo y, por otra, en la mejor comprensión de la correlación entre la enorme variedad de ensayos *in vitro*, modelos animales y estudios humanos que se han realizado hasta ahora.

Los datos generados hasta ahora se basaban en una multitud de sistemas, que diferían en el nivel del efecto buscado, la cepa candidata a probiótico, el modelo seleccionado o los parámetros de lectura. Esto ha oscurecido en gran medida los conocimientos fundamentales en este campo. Como era de esperar, las variaciones en la respuesta probiótica también han sido resultado de factores que afectan a las condiciones fisiológicas del huésped o a la calidad del propio producto probiótico. La administración de niveles demasiado bajos para ser eficaces, la identificación inadecuada de las cepas utilizadas y la falta de validación de los recuentos de microbios en los productos de ensayo han contribuido a dificultar la interpretación de los resultados (Schrezenmeir, 2001). Así pues, es evidente que, a pesar de los progresos realizados en los últimos 10 años, todavía existen grandes lagunas en nuestros montajes experimentales. La falta de normas o límites adecuados que describan el rango en el que las actividades microbianas se consideran patógenas, comensales o probióticas, seguirá desdibujando la aplicabilidad práctica de los resultados obtenidos, por muy fiables que sean los modelos o tecnologías utilizados. La actual falta de una definición aceptada de "probiótico" es una consecuencia lógica de esta falta de conocimiento. Por lo tanto, es muy probable que las investigaciones futuras no sólo se centren en el desarrollo o el ensayo de nuevas cepas 'probióticas' en los modelos existentes, sino que también podrían beneficiarse del establecimiento previo de sistemas modelo normalizados y plenamente controlados y de biomarcadores fiables cuya pertinencia biológica se haya establecido de manera cuantitativa. El verdadero desafío para la investigación futura puede ser la integración final de los diferentes modelos que se ocupan de los aspectos metabólicos, fisiológicos, ecológicos e inmunológicos en una estrategia global para establecer ensayos clínicos para una población objetivo específica en una condición clínica definida. Si bien nuestra comprensión actual del ecosistema intestinal es demasiado fragmentaria para definir con precisión el equilibrio microbiano "normal", y dado el impacto que una cepa probiótica puede tener en la composición y función de la microflora intestinal (Tannock, 1999; Kullen y Klaenhammer, 1999), las cualidades deseables percibidas de los probióticos son numerosas (Sandholm y *otros*, 1999; Vaughan y *otros*, 1999). La aplicación de una cepa funcionalmente activa en el alimento o producto probiótico final determinará, en efecto, si la cepa se utiliza o no en todo su potencial. Además, se recomienda que cada posible cepa de probiótico (en su formulación final) se documente y evalúe de manera independiente, y que los resultados se confirmen preferiblemente por grupos de investigación independientes. Por consiguiente, la extrapolación de datos de cepas estrechamente relacionadas debe considerarse como no aceptable (Dunne y *otros*, 1999)

5. Aplicaciones clínicas:

Muchas de las indicaciones de la actividad probiótica se han obtenido a partir de efectos observados en diversas situaciones clínicas. Aunque en la actualidad hay pocas cepas que hayan adquirido oficialmente la condición de preparado farmacéutico, cada uno de esos efectos está siendo apoyado gradualmente por varios estudios clínicos o ensayos de intervención en seres humanos, realizados de manera que se asemeja al enfoque farmacológico tradicional (ensayos controlados por placebo, doble ciego y aleatorios). Las cepas utilizadas pertenecen a diferentes especies microbianas, pero son en su mayoría bacterias del ácido láctico. A continuación se presenta una breve actualización de los ensayos de intervención en seres humanos aplicados a estas diferentes enfermedades.

5.1 Intolerancia a la lactosa

La intolerancia a la lactosa se da en aproximadamente el 70% de la población mundial, excepto en los bebés, donde la intolerancia primaria es casi inexistente. Se ha demostrado claramente que el yogur mejora la absorción de la lactosa en los pacientes con deficiencia de lactasa y puede limitar los síntomas digestivos (Marteau y *otros*, 1990; Martini y *otros*, 1991) El efecto óptimo se obtiene después de la ingestión de bacterias vivas, seleccionadas por su capacidad de beta-galactosidasa activa (Sanders, 1994; Lin y *otros*, 1991). El tratamiento térmico del producto fermentado puede inhibir las BL y su lactasa. Un segundo mecanismo de acción se ha descrito como un retraso en el suministro intestinal de lactosa después del consumo de yogur, en comparación con la ingesta normal de leche, debido a la textura viscosa del yogur (Shermak y *otros*, 1995; Marteau y *otros*, 1990)

5.2 Diarrea asociada a los antibióticos (AAD)

Aproximadamente el 20% de los pacientes tratados con antibióticos desarrollarán la DAA porque su flora intestinal, responsable de la resistencia natural a la colonización, está alterada o reducida. Se ha comprobado la eficacia preventiva de muchos preparados contra la DAA (Siitonen *y otros*, 1990; Contardi, 1991; Surawicz *y otros*, 1989). Sin embargo, es necesario realizar más estudios utilizando condiciones y cepas bien controladas, antes de que podamos comprender finalmente qué probióticos profilácticos deben tomarse contra los efectos secundarios de determinados antibióticos, aplicados a una dosis específica en un tipo concreto de paciente.

5.3 Gastroenteritis

Las causas de la gastroenteritis pueden ser virales, bacterianas o parasitarias. Aunque la gastroenteritis es la principal causa de la diarrea aguda, lo más común es una recuperación espontánea en pocos días. El tratamiento suele limitarse al uso de soluciones de rehidratación oral y, por lo tanto, rara vez se necesita un tratamiento con antibióticos. Sin embargo, el uso de probióticos podría considerarse desde un punto de vista preventivo (para consultar los exámenes, véase (Saavedra, 1995; Elmer y Surawicz, 1996)

5.3.1. *Gastroenteritis por rotavirus en niños*

Varios estudios han tenido por objeto cuantificar el efecto de los preparados que contienen BLU en la diarrea infantil con un éxito cambiante (Touhami *y otros*, 1992; Mitra y Rabbani, 1990; Millar *y otros*, 1993). Los estudios más exitosos fueron los relacionados con la prevención y el tratamiento de la diarrea por rotavirus de la cepa *Lactobacillus rhamnosus* GG. Esta cepa se ha utilizado repetidamente para reducir significativamente la duración de la diarrea aguda (Guandalini *y otros*, 2000; Raza *y otros*, 1995; Guarino *y otros*, 1997). En un ensayo doble ciego controlado con placebo, los autores descubrieron que *Streptococcus thermophilus* y *Bifidobacterium bifidum* podían reducir significativamente el riesgo de diarrea (7% de casos con probiótico frente al 31% en el grupo de control) y la diseminación del rotavirus (10% de diseminación con probiótico frente al 39% en el grupo de control) (Saavedra *et al.*, 1994).

5.3.2. *Infección por Clostridium Difficile después del tratamiento con antibióticos*

Las infecciones por *Clostridium difficile suelen* ser recurrentes en los pacientes de edad avanzada. Se estima que alrededor del 20% de los pacientes tratados por la primera infección experimentarán una recaída de la infección por *C. difficile,* y hasta el 40% después de posteriorestratamientos. Se realizaron varios estudios que sugieren una posible función terapéutica de diferentes cepas de probióticos, entre ellas *Saccharomyces boulardii* (Levy, 1997; Bennet y Gorbach, 1996; Kimmey *y otros*, 1990) . Sin embargo, estas indicaciones pueden requerir cierta confirmación en un ensayo controlado aleatorio.

5.4 Sobrecrecimiento bacteriano

Algunos estudios han indicado que el sobrecrecimiento bacteriano leve puede tratarse con lactobacilos (Vanderhoof *y otros*, 1998; Attar *y otros*, 1999), mientras que se determinó que *Saccharomyces boulardii era* ineficaz (Attar *y otros*, 1999). Sin embargo, esta última pudo reducir la duración de la diarrea inducida por la alimentación por sonda (Bleichner *y otros*, 1997). La diarrea debida a la irradiación del abdomen también se ha reducido mediante la administración de probióticos (Salminen *y otros*, 1988).

5.5 Enfermedad inflamatoria del intestino

Es sorprendente la heterogeneidad de los trastornos clínicos denominados enfermedad inflamatoria del intestino (EII), que comprenden la enfermedad de Crohn y la colitis ulcerosa. Se pueden desarrollar cócteles de cepas probióticas aplicadas en dosis específicas para uso individual. Además, existe la necesidad de un tipo de investigación más mecanicista, que es indispensable para seleccionar eficazmente la cepa más adecuada para cada paciente específico y su condición.

5.5.1. *Colitis ulcerosa y enfermedad de Crohn*

Una revisión concisa y reciente fue preparada por Hamilton-Miller (2001). Ya se ha demostrado que las bacterias probióticas contrarrestan los procesos inflamatorios (Malin *y otros*, 1996; Rembacken *y otros*, 1999; Gupta *y otros*, 2000; Guslandi *y otros*, 2000) al aumentar la degradación de los antígenos enterales, reducir la secreción de mediadores inflamatorios, mejorar la normalización de la flora autóctona y estabilizar las funciones de barrera intestinal. En consecuencia, la restauración de las propiedades de la microflora autóctona por cepas específicas es un fundamento importante de la terapia probiótica de la EII. Entre las cepas mejor documentadas figuran la mezcla VSL#3 (8 cepas que incluyen *Lactobacilos, Bifidobacterias* y *Estreptococos*) y el preparado Nissle de *E. coli.*

5.5.2. *Pouchitis*

Hasta el 50% de las personas que se someten a una cirugía para la colitis ulcerosa desarrollarán la pouchitis

. Gionchetti *y otros* (2000) probaron los efectos de los probióticos (mezcla VSL#3)

69

en veinte pacientes con pouchitis crónica y comparó la frecuencia de las recaídas con un grupo "control" de otros 20 pacientes que recibieron un placebo sin bacterias. Después de un tratamiento de 9 meses, el 85% del grupo de probióticos seguía sin síntomas, mientras que los 20 del grupo de placebo recaían en 4 meses. Los 20 pacientes del grupo probiótico recayeron dentro de los 4 meses siguientes al tratamiento. Estos resultados positivos han animado a otros grupos a organizar ensayos similares con diferentes cepas y dosis de probióticos.

5.6 Reducción de la alergia

En los últimos años no se ha abandonado la hipótesis de la higiene (Strachan y Thorax, 2000). La microflora intestinal dirige la regulación de la respuesta inmune afectando el desarrollo del tejido linfoide asociado con el intestino (GALT) a una edad temprana. Por lo tanto, el uso de agentes microbianos adecuados para modificar eficazmente esta microflora intestinal podría reducir el riesgo de atopia. Un estudio de intervención pre y postnatal con probióticos para niños con alto riesgo de enfermedad atópica, ha demostrado que los probióticos reducen significativamente la prevalencia de la dermatitis atópica en estos recién nacidos en comparación con la de los niños que reciben placebo (Kalliomaki y otros, 2001)

5.7 Síndrome del intestino irritable

El SII es un trastorno gastrointestinal multifactorial que afecta al 15-20% de la población de los países industrializados y al 25-50% de todos los pacientes de los servicios gastroenterológicos ambulatorios. Algunos estudios con probióticos han demostrado una mejora del dolor y la flatulencia o del alivio del estreñimiento (Halpern et al., 1996; Marteau et al., 1993) Otros estudios han informado de beneficios más limitados, a menudo debido a los bajos niveles de cumplimiento (Halpern et al., 1996), o no fueron significativos para todos los parámetros probados (Delforge et al., 1983) El uso preventivo de probióticos contra el SII ganó confianza en caso de, por ejemplo, un tratamiento con antibióticos. Tal vez sea necesario realizar más investigaciones para identificar los casos exactos de SII en los que los probióticos pueden ser útiles y seleccionar las cepas de probióticos más eficaces.

5.8 Cáncer de colon

El cáncer colorrectal es la cuarta causa más común de morbilidad y mortalidad por cáncer en todo el mundo (8,9% de todos los cánceres nuevos, con unas 400.000 muertes al año). En la actualidad no existen pruebas experimentales directas de la supresión del cáncer en los seres humanos por las bacterias probióticas, pero se han descrito muchas pruebas indirectas (Hirayama y Rafter, 2000) y se han sugerido algunos mecanismos (Hirayama y Rafter, 1999). **70**Estos se revisan en las referencias (Naidu *et al.*, 1999) y (Rafter y Scand, 1995) e incluyen: modulación del sistema inmunológico, unión y/o degradación de potenciales carcinógenos, alteración de las actividades metabólicas de la microflora intestinal, alteración de las condiciones físico-químicas en el colon, mejora (cuantitativa / cualitativa) de la microflora intestinal, reducción de los supuestos productores de carcinógenos y promotores de cáncer (mejora de la microecología intestinal: e.g. más bacterias degradantes de ácidos biliares; menos bacterias productoras de las enzimas azoreductasa, nitroreductasa, betaglucuronidasa, betaglucosidasa, etc.)

5.9 Infección *por Helicobacter pylori*

La infección del estómago por *Helicobacter pylori* se asocia con gastritis, úlceras gástricas o duodenales y posiblemente con cáncer gástrico. Se han notificado efectos inhibitorios in *vitro* e *in vivo* de Helicobacter *pylori en* varias bacterias del ácido láctico (Karita *y otros*, 1994; Wendakoon *y otros*, 1998). Este efecto podría lograrse mediante bacterias viables o eliminadas por el calor o el sobrenadante del cultivo; sin embargo, nunca se ha obtenido la erradicación (Wendakoon *et al.*, 2002). Wendakoon *y otros* (1998) probaron la actividad de sesenta y tres cultivos de fermentos lácteos (simples o mezclados) cultivados en leche desnatada contra 5 cepas de *Helicobacter pylori*. Los resultados preliminares revelaron 25 cepas con actividad anti-Helicobacter pertenecientes a las especies *Lactobacillus casei, Lb. delbrueckii, Lb. helveticus, Lb. acidophilus* y *Lactococcus lactis*. Los cultivos de leche desnatada mostraron una mayor inhibición hacia *el H. pylori* que las células lavadas. Muchos de los cultivos mostraron una fuerte acción sinérgica en la inhibición de este patógeno. Los ácidos producidos por los lácteos fueron sólo en parte responsables de la acción inhibitoria.

5.10 Infecciones virales

El posible efecto de los probióticos en las infecciones virales se ha relacionado más lógicamente con un efecto estimulante del agente probiótico en el sistema inmunológico del huésped. En cuanto a los efectos inmunológicos de los probióticos, se han propuesto varios mecanismos de acción, que implican reacciones inmunológicas no específicas (por ejemplo, fagocitosis por macrófagos) o inmunidad específica (que implica, por ejemplo, linfocitos T4 (ayudante)-, T8 (citotóxico)- o B que producen anticuerpos). Un segundo mecanismo de acción probiótica se relaciona con un posible efecto de barrera contra los patógenos, a menudo denominado exclusión competitiva. A pesar de estas diferentes observaciones, se han publicado muy pocos estudios bien documentados que muestren un efecto antiviral de los probióticos y es evidente que es necesario seguir investigando para confirmar estos resultados preliminares La poliomielitis es un enterovirus y tiene un primer paso de multiplicación

en la mucosa intestinal. Un reciente estudio doble ciego controlado por placebo en sujetos sanos demostró que los probióticos inducen una respuesta inmunológica y proporcionan protección contra los virus de la poliomielitis al aumentar la producción de anticuerpos neutralizantes del virus (Vrese *et al.*,1998; de Vrese, 2001). También los resultados recientes de un ensayo doble ciego controlado y aleatorio indican que el consumo a largo plazo de probióticos podría reducir las infecciones de las vías respiratorias, incluido el resfriado común (de Vrese, 2001)

5.11 Efectos de reducción del colesterol

La hipercolesterolemia se ha relacionado con un mayor riesgo de enfermedad coronaria, una de las principales causas de muerte en la actualidad. El uso de probióticos para reducir este riesgo parece muy atractivo, especialmente si se consumen como parte de una nutrición diaria normal. Aunque varios laboratorios han examinado la relación entre el consumo de LAB y el colesterol, un trabajo ha sugerido que el *Lb. acidophilus* podría eliminar el colesterol de los medios de laboratorio, en presencia de bilis. Sin embargo, Klaver y Van der Meer (Klaver, 1993) mostraron que esto podría deberse a la actividad desconjugadora de la sal biliar. Unos pocos estudios en humanos han sugerido una disminución de las concentraciones de colesterol sérico durante el consumo de (muy) grandes cantidades (¡hasta ocho litros por día!) de yogur o leche fermentada (Hepner *et al.*, 1979). Sin embargo, también se informó de una reducción del colesterol después del consumo de leche. De Smet *y otros* (1998) realizaron un experimento en cerdos hipercolesterolémicos y mostraron una reducción significativa de los niveles de colesterol sérico después de la administración de un preparado de *Lactobacillus reuteri*. Estos informes preliminares, que en la mayoría de los casos no están debidamente controlados, no promueven en esta etapa el uso de cepas probióticas (seleccionadas) para reducir los niveles de colesterol en el plasma.

6. Los probióticos disponibles en el mercado

Actualmente, hay una amplia gama de productos probióticos disponibles comercialmente para los consumidores. Tales productos son los siguientes: alimentos para animales, alimentos lácteos, alimentos para bebés y niños pequeños, productos a base de jugos de fruta, productos a base de cereales y productos farmacéuticos. Antes de vender estos productos, las cepas probióticas utilizadas deben haber sido estudiadas y caracterizadas ampliamente para garantizar su uso seguro y eficaz. Entre estos productos comerciales, predomina el uso de especies de *Lactobacillus* y probablemente no haya escasez de productos de *Lactobacillus* en los alimentos para la salud. También se encuentra en el mercado la incorporación de *B. subtilis* en productos probióticos (Green *et al.* , 1999). Los productos probióticos comerciales actualmente disponibles son **Yakult** *L. casei* Shirota Yakult, Tokio (Japón)

Fórmula para adultos CP-1 Mezclas de *L. acidophilus,* Probióticos Personalizados, Glendale, CA *L. rhamnosus, L. plantarum, Bifidobacterium longum y B. bifidum*

KE-99 LACTO *L. casei* ProbioHealth, Beverly Hills, CA

Trío de cápsulas **Trenev** *L. acidophilus, L. bulgaricus,* Probióticos de Nueva Zelandia y *B. bifidum*

Multibionta *L. acidophilus, B. bifidum,* Seven Seas Health Care, Hull, UK y *B. longum*

Enterogermina *Bacillus subtilis* Sanofi Winthrop, Milán, Italia

Biosubtyl *B. subtilis* Biophar Co. Ltd., Nha Trnag, Vietnam

CONCLUSIÓN

El interés en establecer la credibilidad científica de los efectos probióticos es de gran importancia para las empresas y los científicos. La investigación para apoyar las alegaciones de salud tendrá que tener en cuenta la microbiota intestinal y su interacción con el huésped. Una de las razones que ha suscitado el escepticismo en este campo es la amplia gama de beneficios para la salud atribuidos a las cepas de bacterias del ácido láctico especialmente y la variedad o diversidad de enfoques experimentales. Las tecnologías moleculares recientemente desarrolladas ayudarán sin duda a comprender mejor la compleja interacción entre la cepa probiótica y el ecosistema intestinal (o vaginal). Será necesario un enfoque multidisciplinario, que combine la taxonomía y la biología molecular, la ecología microbiana moderna, la inmunología, la gastroenterología, la fisiología y la bioquímica, para adquirir conocimientos en la conversación cruzada que sin duda tiene lugar entre los microbios intestinales y las células huéspedes. Si bien el desenvolvimiento de los mecanismos de acción puede facilitar en gran medida la selección futura de nuevas cepas probióticas con un beneficio específico para la salud, cualquier efecto postulado tendrá que ser definitivamente probado por estudios clínicos bien realizados. Esto podría ser más fácil de lograr cuando se trate de mejorar situaciones patológicas. En un clima de creciente conciencia de los consumidores de que la dieta y la salud están vinculadas, la investigación sobre los probióticos sigue siendo más que nunca un desafío fascinante. A pesar de los problemas científicos que aún existen, muchos investigadores en este campo están aceptando gradualmente la idea de que los probióticos ayudarán a muchos pacientes en el futuro. Varios médicos han empezado a utilizar los probióticos, no como un tratamiento alternativo, sino a menudo como un factor adicional, reduciendo al mínimo los aspectos negativos de los procedimientos de tratamiento tradicionales. Sin embargo, el uso de probióticos en un contexto médico sigue viéndose obstaculizado por el número relativamente bajo de preparados registrados adecuadamente. Los formatos de las aplicaciones pueden variar entre simples ajustes dietéticos para el uso terapéutico de los probióticos que intentan modificar la flora intestinal de una manera deseada. Será necesario mantener los esfuerzos de investigación para apoyar estas y posiblemente nuevas aplicaciones de los probióticos. Los enfoques de la genómica y la proteómica probablemente ayudarán a comprender mejor la relación entre la microflora intestinal y el epitelio intestinal y el sistema inmunológico del huésped.

:

- Metchinkoff, E. 1908. *La prolongación de la vida*, Putmans Sons, Nueva York, 151-183.

- Sanders, M. E. **1993**. Effect of consumption of lactic cultures on human health. *Adv. Food Nutrition. Res.* 37: 67-130.

- Tannock, G. **1999**. En *Probiotics: A critical review*, GW Tannock, ed.; Horizon scientific Press: Wymondham, Reino Unido, 1-4.

- Elmer, G.W., Surawicz, C.M. y McFarland, L.V. **1996**. Agentes bioterapéuticos. Una modalidad descuidada para el tratamiento y la prevención de infecciones intestinales y vaginales seleccionadas. *JAMA*.275:870-6

- Naidu, A. S., Bidlack, W. R. y Clemens, R. A. **1999**. Probiotic spectra of lactic acid bacteria (LAB). *crit.rev. Food Sci. Nutr.* 39: 13-126.

- Saavedra, J.M., Bauman, N.A., Oung, I., Perman, J.A. y Yolken, R.H. 1994. Alimentación de niños hospitalizados con *Bifidobacterium bifidum* y *Streptococcus thermophilus para prevenir la* diarrea y la propagación del rotavirus. *Lancet.* 344:1046- 1049.

- Buydens, P. y Debeuckelaere, S. **1996**. Eficacia del SF 68 en el tratamiento de la diarrea aguda. Un ensayo controlado por placebo. *Scand. J. Gastroenterol.* 31: 887-91.

- Dugas, B., Mercenier, A., Lenoir-Wijnkoop, I., Arnaud, C., Dugas, N. y Postaire, E. **1999**. Inmunidad y probióticos. *Immunol. Hoy,* 20: 387-90.

- Salminen, S., Bouley, C., Boutron-Ruault, M. C., Cummings, J. H., Franck, A., Gibson, G. R., Isolauri, E., Moreau, M. C., Roberfroid, M. y Rowland, 1.**1998**. Functional food science and gastrointestinal physiology and function *Br. J.* Nutrición. 80: S147-71.

- Vaughan, E. E., Mollet, B. y deVos, W. M.1999. Functionality of probiotics and intestinal lactobacilli: Light in the intestinal tract tunnel. *Curr. Opinión. Biotechnol.,*10: 505-10.

- Bibel, D. **1988**. El bacilo de larga vida de Elie Metchnikoff. *ASM News.* 54: 661.

- Metchnikoff, E. **1907**. La prolongación de la vida. Estudios optimistas, Butterworth-Heinemann: Londres.

- Parker, R. **1974**. Los probióticos, la otra mitad de la historia de los antibióticos.

Animales. Nutrición. Salud, 29: 4-8.

- Fuller, R. **1989**. Una revisión: Probióticos en el hombre y los animales. *J. Appl. Bacteriol.* 66: 365-378.

- Guarner, F. y Schaafsma, G. J. **1998**. Probióticos. *Int. J. Food Microbiol.* , 39: 237-8.

- Havenaar, R.; Veld y M. H. I. **1992**. En *Lactic acid bacteria in health and disease*; Elsevier Applied Science: Amsterdam. Vol. *1*.

- Salminen, S. **1996**. Uniguess of probiotic strains. *IDF Nutr. News Lett.* 5: 1618.

- Fooks, L. J., Fuller, R. y Gibson, G. R. **1999**. Prebióticos, probióticos y microbiología del intestino humano. *Int. Dairy J.* 9: 53-61.

- Gibson, G. R.; Roberfroid, M. B. **1995**. Dietary modulation of the human colonic microbiota: introducing the concept of prebiotics. *J. Nutr.* 125: 140112.

- Crittenden, R. **1999**. En *Probiotics: A critical review*, GW Tannock, ed.; Horizon Scientific Press:Wymondham, U.K. 141-156.

- Roberfroid, M. B. **1998**. Prebióticos y simbióticos: conceptos y propiedades nutricionales. *Br. J. Nutr.* 80: S197-202.

- Tannock, G. **1999**. En *Probiotics: A critical review*, GW Tannock, ed.; Horizon Scientific Press: Wymondham, U.K.1-4.

- Marteau, P. y Rambaud, J. C. **1993**. Potential of using lactic acid bacteria for therapy and immunomodulation in man. *FEMS Microbiol.* Rev.12: 20720.

- Lee, Y.K. y Salminen, S. **1995**. La mayoría de edad de los probióticos. *Trends Food Sci Technol.* 6:241-5.

- Salminen, S., Isolauri, E. y Salminen, E. **1996**. Clinical uses of probiotics for stabilizing the gut mucosal barrier: successful strains and future challenges. Antonie Van Leeuwenhoek.70:347-58.

- Salminen S, Laine M, von Wright A, Vuopio-Varkila J, Korhonen T, Mattila-Sandholm T. **1996**. Development of selection criteria for probiotic strains to assess their potential in functional foods: a Nordic and European approach. *Biosci. Microflora*.15:61-7.

- Malin, M., Verronen, P., Korhonen, H. **1997**. Dietary therapy with *Lactobacillus* GG, bovine calostrum or bovine immune calostrum in patients with juvenile chronic arthritis: evaluation of effect on gut defence mechanisms. *Inflamofarmacología.* 5:219-36.

- Saavedra, J.M., Bauman, N., Oung, I., Perman, J. y Yolken, R. **1994**. Alimentación de niños hospitalizados con *Bifidobacterium bifidum* y *Streptococcus thermophilus para prevenir la* diarrea y la propagación del rotavirus. *Lancet*. 344:1046

- Isolauri, E., Juntunen, M., Rautanen, T., Sillanaukee, P. y Koivula, T. **1991**. Una cepa de *Lactobacillus* humano (*Lactobacillus* GG) promueve la recuperación de la diarrea aguda en los niños. *Pediatría*. 88:90-7.

- Lehto, E. y Salminen, S. **1997**. Adhesión de dos cepas de *Lactobacillus*, una *de Lactococcus* y una de *Propionibacterium* a la línea celular Caco-2 del intestino humano en cultivo. *Biosci Microflora*. 16:13-7.

- Lehto, E. y Salminen S. **1996**. Adhesión de doce diferentes cepas de *Lactobacillus* a cultivos celulares de Caco-2. Nutrición *Hoy*. 31:49-50.

- Tuomola, E. y Salminen, S. **1998** . Adhesión de algunas cepas de *Lactobacillus* probióticos y lácteos a cultivos de células Caco-2. *Int J Food Microbiol*.41:45-51.

- Elo, S., Saxelin, M. y Salminen, S. **1991**. Adjudicación de la cepa GG de *Lactobacillus casei* a la línea celular de carcinoma de colon humano Caco-2: comparación con otras cepas de bacterias lácteas iniciadoras. *Lett Appl Microbiol*. 13:154-6.

- Salminen, S., Bouley, C., Boutron-Ruault, M.C. **1998**. Functional food science and gastrointestinal physiology and function. *Br J Nutr*. 80(suppl):S147-71.

- Clements, M.L., Levine, M.M., Ristaiano, P.A., Daya, V.E., Hughes, T.P. **1983**. Lactobacilos exógenos alimentados al hombre: su destino y su capacidad para prevenir las enfermedades diarreicas. *Prog Food Nutrition Sci* .7:29-37.

- Salminen, S., Ouwehand, A., Benno, Y. y Lee, Y-K. **1999**. Probióticos: ¿cómo deben definirse? *Trends Food Sci Technol*. 10:1-4.

- Marteau, P. R., de Vrese, M., Cellier, C. J. y Schrezenmeir, J. **2001**. Protección contra las enfermedades gastrointestinales con el uso de probióticos. *Am. J. Clin. Nutr*. 73: 430S-436S.

- Majamaa, H. e Isolauri, E. **1997**. Probióticos: un nuevo enfoque en el manejo de la *alergia alimentaria*. *J. Allergy Clin. Immunol*. 99: 179-85.

- Hanauer, S. B.; Dassopoulos, T. **2001**. Evolving treatment strategies for inflammatory bowel disease. *Annu. Rev. Med*. 52 : 299-318.

- McCracken, V. y Gaskins, H. **1999**. En *Probiotics: A critical review*, GW Tannock, ed.; Horizon Scientific Press: Wymondham, Reino Unido, 85-111.

- Mercenier, A., Grangette, C. y Arnaud, C. **1999**. Inmunidad *y probióticos*, John Libbey Eurotext: París.

- Blum, S., Alvarez, S., Haller, D., Perez, P. y Schiffrin, E. J. **1999**. Microflora intestinal y la interacción con células inmunocompetentes. *Antonie Van Leeuwenhoek. 76* :199-205.

- Kullen, M.J. U. y Klaenhammer, T. R. **1999**. Genetic modification of intestinal lactobacilli and bifidobacteria. in: TANNOCK, G.W. (Hrsg.): Probiotics - A critical review Horizon Scientific Press, Wymondham, England, 65-84.

- Klaenhammer, T. **1995**. Genetics of intestinal lactobacilli. *Int. Dairy J.* 5: 1019-1058.

- Schrezenmeir, J.y de Vrese, M. **2001**. Probióticos, prebióticos y simbióticos, acercándose a una definición. *Am. J. Clin. Nutr.* 73, 361S-364S.

- Sandholm, T., Matto, J. y Saarela, M. **1999**. Bacterias del ácido láctico con interacciones de reclamo de salud e interferencia con la flora gastrointestinal. *Int. Dairy J.* 9: 25- 35.

- Dunne, C., Murphy, L., Flynn, S., O'Mahony, L., O'Halloran, S., Feeney, M.,Morrissey, D., Thornton, G., Fitzgerald, G., Daly, C., Kiely, B., Quigley, E. M., O'Sullivan, G. C., Shanahan, F. y Collins, J. K. **1999**. Probióticos: del mito a la realidad. Demostración de la funcionalidad en modelos animales de enfermedades y en ensayos clínicos humanos. *Antonie Van Leeuwenhoek.* 76: 279-92.

- Marteau, P.; Flourie, B.; Pochart, P.; Chastang, C.; Desjeux, J. F.; Rambaud, J. C. **1990**. Efecto de la actividad de la lactasa microbiana (EC3.2.1.23) en el yogur sobre la absorción intestinal de la lactosa: un estudio in vitro en humanos con deficiencia de lactasa. *Br. J. Nutr.* 64: 71- 9.

- Martini, M. C.; Kukielka, D.; Savaiano, D. A. **1991**. Lactose digestion from yogurt: influence of a meal and additional lactose. *Am. J. Clin. Nutr.* 53: 1253-8.

- Sanders, M. **1994**. Las bacterias del ácido láctico como promotores de la salud humana. En Functional foods: designer foods, pharmafoods, nutraceuticals, I Goldberg, ed.; Chapman & Hall: Nueva York. 294-322.

- Lin, M. Y., Savaiano, D. y Harlander, S. **1991**. Influence of nonfermented dairy products containing bacterial starter cultures on lactose maldigestion in humans. *J. Dairy Sci.* 74: 87-95.

- Shermak, M. A., Saavedra, J. M., Jackson, T. L., Huang, S. S., Bayless, T. M. y Perman, J. A. **1995**. Effect of yogurt on symptoms and kinetics of hydrogen production in lactose-malabsorbing children... Am. J. Clin. Nutr.62: 1003-6.

- Gotz, V., Romankiewicz, J. A., Moss, J. y Murray, H. W. **1979.** Profilaxis contra la diarrea asociada a la ampicilina con un preparado de lactobacilos. . *Am. J. Hosp. Pharm.* 36: 754-7.

- Siitonen, S., Vapaatalo, H., Salminen, S., Gordin, A., Saxelin, M., Wikberg, R. y Kirkkola, A. L. **1990** . Efecto del yogur de Lactobacillus GG en la prevención de la diarrea asociada a los antibióticos. *Ann Med.* 22: 57-9.

- Contardi, I. 1991. Terapia bacteriana oral en la prevención de la diarrea inducida por antibióticos en la infancia. *Clin. Ter.* 136: 409-13.

- Surawicz, C. M., Elmer, G. W., Speelman, P., McFarland, L. V., Chinn, J. y Van Belle, G. **1989**. Prevention of antibiotic-associated diarrhea by Saccharomyces boulardii: a prospective study. *Gastroenterología.* 96: 981-8.

- Saavedra, J. M. **1995**. Microbios para combatir los microbios: Un enfoque no tan novedoso para controlar las enfermedades diarreicas. *J. Pediatr. Gastroenterol. Nutr.* 21: 125-9.

- Elmer, G. W., Surawicz, C. M. y McFarland, L. V. **1996** . A neglected modality for the treatment and prevention of selected intestinal and vaginal infections. *JAMA,* 275: 870-876.

- Touhami, M., Boudraa, G., Mary, J. Y., Soltana, R. y Desjeux, J. F. **1992**. Consecuencias clínicas de la sustitución de la leche por yogur en la diarrea persistente de los lactantes. *Ann. Pediat.r (París)* 39: 79-86.

- Mitra, A. K. y Rabbani, G. H. **1990**. A double-blind controlled trial of Bioflorin (*Streptococcus faecium* SF68) in adults with diarrhoea due to *Vibrio cholerae* and enterotoxigenic *Escherichia coli.Gastroenterology.* 99: 1149-52.

- Millar, M. R., Bacon, C., Smith, S. L., Walker, V. y Hall, M. A. **1993**. Enteral feeding of premature infants with Lactobacillus GG. *Arch Dis. Child.* 69: 483-7.

- Guandalini, S., Pensabene, L., Zikri, M. A., Dias, J. A., Casali, L. G., Hoekstra, H., Kolacek, S., Massar, K., Micetic-Turk, D., Papadopoulou, A., de Sousa, J. S., Sandhu, B., Szajewska, H. y Weizman, Z. **2000**. Lactobacillus GG administrado en solución de rehidratación oral a niños con diarrea aguda: un ensayo multicéntrico europeo. *J. Pediatr. Gastroenterol. Nutr.* 30: 54-60.

- Raza, S., Graham, S. M., Allen, S. J., Sultana, S., Cuevas, L. y Hart, C. A. **1995**. *Lactobacillus* GG promueve la recuperación de la diarrea aguda no sanguinolenta en el Pakistán. *Pediatría. Infectante. Dis. J.* 14: 107-11.

- Guarino, A.; Canani, R. B.; Spagnuolo, M. I.; Albano, F.; Di Benedetto, L. *J. Pediatr. Gastroenterol. Nutr.,* **1997**, *25*, 516-9.

- Saavedra, J. M., Bauman, N. A., Oung, I., Perman, J. A. y Yolken, R. H. 1994. Alimentación de los lactantes hospitalizados con *Bifi dobacterium bifidum* y *Streptococcus thermophilus para prevenir la* diarrea y la propagación del rotavirus. *Lancet*. 344: 1046-9.

- Levy, J. **1997**. Experiencia con *Lactobacillus plantarum* 299v vivo: un complemento prometedor en el tratamiento de la infección recurrente por *Clostridium difficile*. *Gastroenterology*.112: A379(abstr).

- Bennet, R., Gorbach, S.L. y Goldin, B.R. **1996**. Tratamiento de la diarrea recurrente por Clostridium difficile con Lactobacillus GG. *Nutr. Today*.. 31(suppl): 35S-8S.

- Kimmey, M. B., Elmer, G. W., Surawicz, C. M. y McFarland, L. V. **1990**. Prevention of further recurrences of *Clostridium difficile* colitis with *Saccharomyces boulardii*. *Dig. Dis. Sci*. 35: 897-901.

- Vanderhoof, J. A., Young, R. J., Murray, N. y Kaufman, S. S. **1998**. Treatment strategies for small bowel bacterial overgrowth in short bowel syndrome. *J. Pediatría. Gastroenterol. Nutr.*, 1998, *27*, 155-60.

- Attar, A., Flourie, B., Rambaud, J. C., Franchisseur, C., Ruszniewski, P. y Bouhnik, Y. **1999**. Antibiotic efficacy in small intestinal bacterial overgrowth-related diarrhea: a crossover, randomized trial. *Gastroenterología*. 117: 794-7.

- Bleichner, G.; Blehaut, H.; Mentec, H.; Moyse, D. **1997**. Saccharomyces boulardii previene la diarrea en pacientes críticamente enfermos alimentados con tubos. Un ensayo multicéntrico, aleatorio y doble ciego controlado por placebo. *Intensive Care Med*. 23: 517-23.

- Salminen, E.; Elomaa, I.; Minkkinen, J.; Vapaatalo, H.; Salminen, S. **1988**. Preservación de la integridad intestinal durante la radioterapia con cultivos vivos de *Lactobacillus acidophilus*. *Clin. Radiol*. 39: 435-7.

- Hamilton-Miller, J. **2001**. A review of clinical trials of probiotics in the management of inflammatory bowel disease. *Infect. Dis. Rev*. 3: 83-87.

- Malin, M., Suomalainen, H., Saxelin, M. e Isolauri, E. 1996. Promoción de la respuesta inmune a la IgA en pacientes con enfermedad de Crohn mediante la bacterioterapia oral con Lactobacillus GG. *Ann. Nutr. Metab*. 40: 137-45.

- Rembacken, B.J., Snelling, A.M., Hawkey, P.M., Chalmers, D.M. y Axon, A.T. **1999**. *Escherichia coli* no patógena versus mesalazina para el tratamiento de la colitis ulcerosa: Un ensayo aleatorio. *Lancet*. 354: 635-9.

- Gupta, P., Andrew, H., Kirschner, B. S. y Guandalini, S. **2000**. ¿Es útil el *Lactobacillus*

GG en niños con la enfermedad de Crohn? Resultados de un estudio preliminar de etiqueta abierta. *J. Pediatría. Gastroenterol. Nutr.* 31: 453-7.

- Guslandi, M.; Mezzi, G.; Sorghi, M.; Testoni, P. A. **2000**.*Saccharomyces boulardii* en el tratamiento de mantenimiento de la enfermedad de Crohn. *Dig. Dis. Sci.* 45: 1462-4.
- Strachan, D. P. **2000**. Tamaño de la familia, infección y atopia: la primera década de la "hipótesis de la higiene". *Tórax.* 55 Supl. (1): S2-10.
- Kalliomaki, M., Salminen, S., Arvilommi, H., Kero, P., Koskinen, P. e Isolauri, E. **2001**. Probióticos en la prevención primaria de la enfermedad atópica: un ensayo aleatorio controlado con placebo. *Lancet.* 357: 1076-1079.
- Halpern, G. M., Prindiville, T., Blankenburg, M., Hsia, T. y Gershwin, M. E. **1996**. Tratamiento del síndrome de intestino irritable con Lacteol Fort: un ensayo cruzado, aleatorio y doble ciego. *Am. J. Gastroenterol.* 91: 157985.
- Marteau, P., Pochart, P., Bouhnik, Y. y Rambaud, J. C. **1993**. The fate and effects of transiting, nonpathogenic microorganisms in the human intestine. *World Rev. Nutr. Dietética.* 74: 1-21.
- Delforge, M., Maupas, J. L. y Champemont, P. **1983**. Tratamiento de las colopatías funcionales: ensayo doble ciego con perenterol. *Rev. Med.* Lieja. 38: 885-8.
- Hirayama, K. y Rafter, J. **2000**. El papel de las bacterias probióticas en la prevención del cáncer. *Microbes Infect.* 2 :681-6.
- Hirayama, K. y Rafter, J. **1999**. The role of lactic acid bacteria in colon cancer prevention: mechan istic considerations. *Antonie Van Leeuwenhoek.* 76: 391-4.
- Naidu, A. S., Bidlack, W. R. y Clemens, R. A. **1999**. Probiotic spectra of lactic acid bacteria (LAB). *Crit. Rev. Food Sci. Nutr.* 39:13-126.
- Rafter, J. J. **1995**. The role of lactic acid bacteria in colon cancer prevention. *Scand. J. Gastroenterol.* 30: 497-502.
- Karita, M., Li, Q., Cantero, D. y Okita, K. **1994**. Establecimiento de un modelo de pequeño animal para la infección humana por *Helicobacter pylori* utilizando un ratón libre de gérmenes. . *Am. J. Gastroenterol.* 89: 208-13.
- Wendakoon, C., Fedio, W., Macleod, A. y Ozimek, L. **1998**. Inhibición in vitro de *Helicobacter pylori* por cultivos de fermentos lácteos. *Milchwissenschaft.* 53: 499-502.
- Wendakoon, C. N., Thomson, A. B. y Ozimek, L. **2002**. Falta de efecto terapéutico de un yogur especialmente diseñado para la erradicación de la infección por Helicobacter pylori. *Digestión.* 65: 16-20.

- Vrese, M. d., Schimanski, E. y Schrezenmeir, J. **1998.** En Forschungsreport. Instituto de Fisiología y Bioquímica de la Nutrición, Centro Federal de Investigación Lechera: Kiel, Alemania.
- de Vrese, M. **2001**. En Probiotics and Health. Las tres edades del hombre. Conferencia Internacional de Yakult: Colegio Real de Médicos, Londres.
- Klaver, F. A. y van der Meer, R. **1993**. La supuesta asimilación del colesterol por los lactobacilos y el *Bifidobacterium bifidumBifidobacterium* bifidum se debe a su actividad desconjugadora de la sal biliar. *Aplicar el medio ambiente. Microbiol.* 59: 1120-4.
- Hepner, G., Freid, R., Jeor, S. S., Fusetti, L. y Morin, R. **1979**. Efecto hipocolesterolémico del yogur y la leche. *Am. J. Clin. Nutr.* 32: 1924.
- De Smet, I., De Boever, P. y Verstraete, W. **1998**. Reducción del colesterol en cerdos mediante el aumento de la actividad de la hidrolasa de la sal biliar bacteriana. *Br. J. Nutr.* 79: 185-94.
- Green, D.H., Wakeley, P.R., Page, A., Barnes, A., Baccigalupi, L., Ricca, E. y Cutting, S.M. **1999**. Caracterización de dos probióticos del *Bacillus. Appl. Environ. Microbiol.* , 65: 4288-4291.

Capítulo 4

Tendencias en Bioinformática

Jyotika Bhati

Centro de Bioinformática Agrícola, Estadísticas Agrícolas de la India

Research Institute, Library Avenue, Pusa, Nueva Delhi 12 India

Correo electrónico: singh.jyotika@gmail.com

Resumen

La bioinformática es un campo de investigación biomédica que está surgiendo rápidamente. La bioinformática tiene la tarea de dar sentido a los datos biológicos, extraer los datos, almacenarlos, difundirlos y asegurar que se puedan extraer conclusiones biológicas válidas de los datos. El aluvión de datos genómicos y postgenómicos en gran escala significa que muchos de los retos de la investigación biomédica son ahora retos de la ciencia computacional. Con la aparición de la bioinformática moderna se obtuvo una enorme comprensión de las bases de datos construidas y de los análisis genómicos y proteómicos. Los próximos decenios estarán dominados por la genómica, la biología de sistemas y la bioinformática.

1. Introducción

La ciencia de la biología intenta proporcionar una comprensión de la naturaleza de todos los seres vivos en una variedad de niveles - desde las moléculas hasta las células, individuos, grupos, poblaciones y ecosistemas. La biología molecular moderna parece estar centrada en una variedad de proyectos de genoma, generando cantidades cada vez mayores de información de secuencias de ADN; por sí misma, esta información es sólo un peldaño para las respuestas a preguntas desafiantes. La bioinformática proporciona los medios para obtener esas preguntas (Corne D.W. *et al.* , 2003). La bioinformática o biología computacional se ha convertido en una parte integral de la investigación y el desarrollo de las ciencias biomédicas. Cuando a principios del decenio de 1980 se difundieron ampliamente los métodos para la secuenciación del ADN, los datos de las secuencias moleculares comenzaron a crecer exponencialmente de manera expedita. Tras la secuenciación del primer genoma microbiano de *Haemophilus influenza* en 1995, se han secuenciado los genomas de más de 1.000 organismos y se han desarrollado proyectos de secuenciación de genomas a gran escala (Jansesen P. *et al.* , 2003 y Kanehisa M. *et al.* , 2003). Los métodos bioinformáticos se utilizan cada vez más para adjuntar conocimientos biológicos a largas listas de genes, asignar genes a vías biológicas, comparar los conjuntos de genes de diferentes especies, identificar factores de especificidad y describir conjuntos de proteínas muy conservadas comunes a todos los dominios de la vida (Andrade M.A. et *al.* , 1997). Se han hecho importantes progresos gracias a la disponibilidad de bases de datos primarias y secundarias, la elaboración de modelos estadísticos y las técnicas de aprendizaje automático.

La bioinformática es una ciencia de reciente creación que utiliza datos biológicos y conocimientos almacenados en bases de datos, complementados por métodos computacionales, para derivar nuevos conocimientos biológicos. La dependencia crítica del éxito del Proyecto Genoma Humano en la bioinformática es sólo un ejemplo de los notables logros de este campo. Otras esferas en las que la bioinformática ha sido crucial son la alineación de la secuencia del ADN y las proteínas, la variación genética natural, la predicción de la estructura y la función de las macromoléculas biológicas, el análisis de las redes de interacción biomolecular, la integración de bases de datos biológicos heterogéneas, la representación de los conocimientos biomoleculares, la simulación de los procesos biológicos, el análisis de los datos creados por experimentos biológicos en gran escala y el diseño racional de medicamentos (Kim J.H., 2002). La bioinformática no se limita a una tecnología o un tipo de información específicos y, de hecho, gran parte de su utilidad radica en la integración de datos dispares en una red de pruebas utilizadas para sopesar la calidad de los posibles objetivos (Desany B. *et al.* , 2004) (Figura 1).

Figura 1: Fundamentos y aplicaciones de la bioinformática

Algoritmos	Bases de datos de la comunidad	Adquisición de datos
Gráficos, visualización		Deconvolución de datos
Procesamiento de la señal		Mapeo y comparación del genoma
Las arquitecturas informáticas		Determinación de la estructura
La inteligencia artificial		modelado y simulación molecular
Gestión de la base de datos	Gestión de datos de laboratorio	Diseño de drogas basado en la estructura

Estadísticas	Alineación y comparación de estructuras
Simulación	Predicción de estructuras
La teoría de la información	Alineación de la secuencia
Procesamiento de la	Evolución molecular
Robótica	Herramientas de consulta
Ingeniería de software	Identificación de genes

ComputationalData
FundacionesRecursosAplicaciones de bioinformática

2. ATGC a la información

El reciente flujo de datos procedentes de la genómica ha dado lugar a un nuevo campo llamado bioinformática, que es una combinación de biología e informática. Su objetivo es comprender y organizar la información biológica a gran escala. La información disponible que debe ser analizada se encuentra en diferentes categorías tanto en la biología molecular [(i) genoma, ADN y secuencias de proteínas, (ii) estructuras de ácidos nucleicos y proteínas, (iii) datos de expresión de genes y proteínas, (iv) interacciones de moléculas, por ejemplo entre proteínas], los enfoques fisiológicos de alto rendimiento [(i) niveles de metabolitos, (ii) datos fisiológicos,] y la interacción entre ambos [(i) biología integradora, biología de sistemas y (ii) literatura]. Por consiguiente, los objetivos de la bioinformática son diferentes según el conjunto de datos de partida (Hocquette J.F., 2005). Sin embargo, el desarrollo de la bioinformática ha alejado a la biología del laboratorio. La bioinformática es ahora una ciencia en *sí misma*. Requiere conocimientos especializados específicos que pueden ser difíciles de compartir con los biólogos. Por lo tanto, el objetivo del programa BioSPICE (SPICE es el Programa de Simulación de Procesos Intracelulares) es crear un marco que proporcione a los biólogos acceso a las herramientas computacionales más actuales (Garvey T.D. *et al.* , 2003). También debemos ser conscientes de que, con la secuenciación de muchos genomas, las cuestiones científicas han pasado de la identificación de los genes al descubrimiento de sus funciones. Las herramientas bioinformáticas están cambiando continuamente para adaptarse a las nuevas necesidades de conocimiento (Fraser C.M., 1995).

Los primeros instrumentos bioinformáticos que se desarrollaron se referían a datos de secuencias que, de hecho, son más fáciles de manejar en comparación con la expresión de genes o los datos fisiológicos (Luscombe N.M. *et al.* , 2001). Estas herramientas se referían a la alineación de las secuencias, la investigación de motivos de ADN similares, las estructuras de ADN y proteínas derivadas del análisis de las secuencias, etc. A continuación se amplió la bioinformática en profundidad. Se toma un solo gen o una sola proteína, y luego se predice la estructura de la proteína y la forma de la misma y, por lo tanto, se identifican o predicen los ligandos y los posibles fármacos. Se trata de la biología del silicio, cuyo objetivo es obtener un mejor conocimiento de un solo gen o una sola proteína simplemente trabajando con el conocimiento disponible de ese gen/proteína con la ayuda de un potente algoritmo (Luscombe N.M. *et al.* , 2001). Otro conjunto de instrumentos bioinformáticos se refiere a la detección de genes de expresión diferencial y al reconocimiento de patrones genéticos en la transcriptómica. Estos instrumentos incluyen pruebas estadísticas por cualquier método (como el análisis de componentes principales y **86**análisis de conglomerados) para reducir los datos a dimensiones inferiores, visualizar la variabilidad y reconocer patrones dentro de los datos (Hergenhahn M. *et al.* , 2003).

En la proteómica, la riqueza de la información también requiere ser procesada. En caso de separación de proteínas por electroforesis, es importante identificar los puntos, hacer coincidir los puntos entre los geles, cuantificar su intensidad, analizar las secuencias de péptidos utilizando bases de datos públicas, etc. En el caso de las matrices, la bioinformática también es importante para la detección, el análisis y la normalización de las señales. La estructura terciaria de las proteínas y la interacción son también cuestiones importantes que requieren trabajo computacional. Recientemente se han examinado los diferentes instrumentos y objetivos de la bioinformática en la proteómica (Pruess M. *et al.* , 2003). Uno de los resultados siguientes es la descripción matemática de la gran cantidad de datos derivados de la proteómica que permitirá la rápida identificación de nuevos agentes terapéuticos y la identificación de trastornos fisiológicos. Esto implica diversas herramientas que incluyen como ejemplos la minería de datos, el análisis de componentes principales, la agrupación jerárquica y los árboles de decisión (Bensmail H. *et al.* , 2003). En el cuadro 1 se enumeran los diversos instrumentos y programas informáticos utilizados en la bioinformática.

Tabla 1: Lista de bases de datos importantes

Base de datos de nucleótidos	
Centro Nacional de Información Biotecnológica (GenBank)	http://www.ncbi.nlm.nih.gov/Genbank/
Nucleótido EMBL Base de datos de secuencias	http://www.ebi.ac.uk/
Índice del nuevo EMBL Nucleótidos (EBI)	http://srs.ebi.ac.uk
Banco de datos de ADN de Japón	http://www.ddbj.nig.acj p
IMGT (International ImMunoGeneTics Database)	http://imgt.cines.fr/
dbEST	http://www.ncbi.nlm.nih.gov/dbEST/
dbSTS	http://www.ncbi.nlm.nih.gov/dbSTS/
Ensemblar	http://www.ensembl.org/index.html
Navegador de Genoma de UCSC	http://genome.uc sc. edu/
AsDb (Aberrant Splicing db)	http://www.hgc .j p/~knakai/asdb. html
ACUTS	http://pbil.univ-lyon1.fr/acuts/ACUTS.html
Uso del codón Db	http://www.kazusa.or.jp/codon/
EPD(Promotor Eucariota db)	http://www.epd.isb-sib.ch/
HOVERGEN(Homologado Genes de vertebrados)	http://pbil.univ-lyon1.fr/databases/hovergen.php
RPD (Proyecto Ribosomal db)	http://rdp.cme.msu.edu/
LUGAR	http://www.dna.affrc.go.jp/PLACE/
PlantCARE	http://bioinformatics.psb.ugent.be/webtools/plantca re.html/
smiRNAdb	http://www.mirz.unibas.ch/cloningprofiles/
ARNrNs de la SSU	http://bioinformatics.psb.ugent.be/webtools/rRNA/s su/

Su ARNr	http://bioinformatics.psb.ugent.be/webtools/rRNA/1su/
ARNr 5S	http://rose.man.poznan.pl/5SData/
Greengenes	http://greengenes.lbl.gov/cgi-bin/nph-index.cgi
Sitio web del ARNt	http://www.indiana.edu/~tmrna/
tmRDB	http://www.ag.auburn.edu/mirror/tmRDB/
Edición de ARN	http://dna.kdna.ucla.edu/rna/index.aspx
RNAmod db	http://rna-mdb .cas.albany. edu/RN Amods/
MPDB	http://bioinformatics.istge.it/cldb/mpdb.html
VectorDB	http://life.nthu.edu.tw/~g854202/Vecdtb.html
Base de datos de proteínas	
SWISS-PROT (base de datos de secuencias de proteínas)	http://www.expasy.ch/sprot/sprot-top.html
PIR (Protein Information Resource)	http://pir. georgetown.edu/pirwww/
MIPS (Múnich) Centro de Información de Secuencias de Proteínas)	http://mips.gsf.de
UniProt	http://www.uniprot.org/
Plsma humana suiza Conjunto de datos de la proteína	http://www.expasy.org/cgi-bin/geneprot/index.cgi?queryForm.html
NCBI Recursos proteínicos	http://www.ncbi.nlm.nih.gov/sites/entrez?db=protein
InterPro	http://www.ebi.ac.uk/interpro/
PROSITO	http://www.expasy.org/prosite/
BLOQUES	http://blocks.fhcrc. org/
Gene3D	http://gene3d.biochem.ucl.ac.uk/Gene3D/
Pantera	http://www.pantherdb.org/
Pfam	http://pfam.sanger.ac.uk/
PIRSF	http://pir.georgetown.edu/pirwww/dbinfo/pirsf.sht ml

IMPRESIONES	http://www.bioinf.manchester.ac.uk/dbbrowser/PRINTS/index.php
ProDom	http://prodom.prabi.fr/prodom/current/html/home.php
SBASE	http://hydra.icgeb.trieste.it/sbase/
SMART	http://smart.embl-heidelberg.de/
SUPERFAMILIA	http://supfam.org/SUPERFAMILY/
CUERDA	http://string.embl.de/
TIGRFAMS	http://www.jcvi.org/cms/research/projects/tigrfams/resumen/
BIND	http://bond.unleashedinformatics.com/Action?
DIP	http://dip.doe-mbi.ucla.edu/dip/Main.cgi
MINT	http://160.80.34.4/mint/Welcome.do
HPRD	http://www.hprd.org/
IntAct	http://www.ebi.ac.uk/intact/main.xhtml
BioGRID	http://thebiogrid.org/
PPI	http://ppi.fli-leibniz.de/
PMD	http://pmd.ddbj.nig.ac.jp/
Base de datos de la estructura 3D de la proteína	
PDB (Banco de Datos de Proteínas)	http://www.rcsb.org/pdb/home/home.do
PDBTM	http://pdbtm.enzim.hu/
BioMagResBank	http://www.bmrb.wisc.edu/
SWISS-MODEL Repositorio	http://swissmodel.expasy.org/repository/
ModBase	http://modbase.compbio.ucsf.edu/modbase-cgi/index.cgi
CATH	http://www.cathdb.info/
SCOP	http://scop.mrc-lmb.cam.ac.uk/scop/
HCA	http://www2.ufp.pt/~pedros/HCA_db/
Moléculas para ir	http://helixweb.nih.gov/cgi-bin/pdb
Pesca en el dominio BMM	http://www.bmm.icnet.uk/~3djigsaw/dom_fish/

Relibase	http://relibase.ccdc.cam.ac.uk/account_utilities/login_form.php
CCDC	http://www.ccdc.cam.ac.uk/
HSSP	http://swift.cmbi.kun.nl/swift/hssp/
MutaProt	http://ligin.weizmann.ac.il/~eyale/MUTATIONS/cgi-bin/mutations0.cgi
DisProt	http://www.disprot.org/
SWIIS_3DIMAGE	http://www.expasy.org/sw3d/
Base de datos de proteómica	
MIAPEGelDB	http://miapegeldb.expasy. org/
Lista WORLD-2DPAGE	http://www.expasy.org/ch2d/2d-index.html
Mundo-2DPAGE Repositorio	http://world-2dpage.expasy.org/repository/
El Mundo-2DPAGE Constelación	http://world-2dpage.expasy.org/
GPMdb	http://gpmdb. thegpm.org/
OPD	http://bioinformatic s.icmb. utexas.edu/OPD/
PeptideAtlas	http://www.peptideatlas.org/
ORGULLO	http://www.ebi.ac.uk/pride/

3. Genómica Comparativa

Los organismos que han atraído la atención de los centros del genoma son los que causan enfermedades, seguidos por los de organismos modelo como Saccharomyces cerevisiae (Goffeau A. *et al.* , 1996) y Caenorhabditis elegans (el Consorcio de Secuenciación de C. elegans, 1998), por ejemplo. De hecho, los primeros genomas bacterianos secuenciados fueron los de los patógenos (Fleischmann R.D. *y otros*, 1995, Fraser C.M. *y otros*, 1995 y Tomb J.F. *y otros*, 1997), y éstos fueron precedidos por muchos genomas de bacteriófagos como el bacteriófago MS2 (Fiers W. *y otros*, 1976) y

X174 (Sanger F. *y otros*, 1977) y genomas virales (Fiers W. *y otros*, 1978). Actualmente, los genomas de los patógenos representan al menos un tercio de todos los genomas secuenciados. Obviamente, para la genómica comparativa se requieren dos genomas y, de hecho, cuando se secuenció el segundo patógeno bacteriano (Mycoplasma genitalium de Fraser et al., 1995), se comparó inmediatamente con el primero (Haemophilus influenzae de Fleischmann et al., 1995). Curiosamente, el genoma de H. influenzae se completó utilizando un enfoque "bioinformático". Aunque los estudios comparativos que utilizan múltiples especies pueden revelar características hasta ahora desconocidas, como lo demuestran los mencionados estudios sobre tripanosomátidos y cándidas, también pueden revelar algo inesperado. Dado que la definición de especie bacteriana se ha debatido durante mucho tiempo, Tettelin y otros (Tettelin H. *y otros*, 2005) se propusieron abordar esta cuestión mediante la secuenciación de múltiples cepas de Streptococcus agalactiae, la causa más común de enfermedad o muerte entre los recién nacidos. Inesperadamente, a pesar de la presencia de un "coregenoma" compartido entre los 8 genomas, la modelización matemática sugirió que cada genoma secuenciado adicional añadiría 33 nuevos genes al "genoma prescindible". Un análisis adicional en el que se utilizó S. pyogenes también sugirió que la secuenciación de genomas adicionales seguiría añadiendo nuevos genes al conjunto, lo que daría lugar a un pan-genoma que puede definirse como el repertorio genético global de una especie (Medini D. *et al.* , 2005). Esto no puede extrapolarse ad infinitum, ya que un análisis similar de Bacillus anthracis indicó que después del cuarto genoma no se identificaron genes adicionales (Tettelin H. et *al.* , 2005) de acuerdo con su conocida y limitada diversidad genética (Keim P. *et al.* , 2002). Análisis posteriores han confirmado la presencia de pan-genomas para muchas especies bacterianas (Hiller N.L. et *al.* , 2007, Lefe'bure T. et *al.* , 2007, Rasko D.A. *et al.* , 2008 y Lefe'bure T. et *al.* , 2009) y el repertorio genético definitivo de una especie bacteriana es mucho mayor de lo que se percibe generalmente. Queda por demostrar si este sería el caso de los eucariontes.

4. Predicción de la función de la proteína

Las proteínas son importantes en la fisiología, ya que son las moléculas que dan vida a las células (y no los genes ni el ARNm), y lamentablemente, los cambios en el ARNm y los cambios en los niveles de proteínas en cualquier célula suelen ser débiles. Por lo tanto, el conocimiento de las proteínas es fundamental para la comprensión de la biología. Por este motivo, en 2001 se creó la Organización del Proteoma Humano (HUPO) (http://www.hupo.org) con el objetivo de ir más allá del Proyecto del Genoma Humano en la comprensión de la vida (Humphery-Smith I. *et al.* , 2004). En los humanos, más del 90% del genoma no tiene un propósito conocido. Además, un gen puede producir docenas, a veces, incluso miles, de diferentes proteínas. Hay un promedio de 5 a 7 isoformas de proteínas por marco de lectura abierto en el genoma humano (lo que significa de 100 a 200.000 proteínas) y otras 600.000 inmunoglobulinas que difieren sólo en sus dominios de unión al epítopo. En consecuencia, los treinta mil genes humanos producen alrededor de un millón de proteínas (Alksne L. *et al.* , 2000). Además, se ha sugerido que en los seres humanos, el 10% de los genes codifican más del 90% de las proteínas. En el suero, sólo cuatro proteínas (albúmina, transferrina, haptoglobulina e inmunoglobulinas) constituyen más del 90% de la proteína (Humphery-Smith I. *et al.* , 2004). Uno de los principales objetivos de la proteómica es cuantificar los niveles de proteínas y sus cambios dinámicos. La estructura tridimensional (3D) de las proteínas también es una cuestión importante. Por ello, la Unión Europea decidió desarrollar una plataforma tecnológica integrada de biocristalografía para determinar la estructura tridimensional de miles de moléculas, principalmente proteínas. Este es el proyecto BIOXHIT (http://icarus.embl-hamburg.de:8080/bioxhit/bioxhit.jsp). Además, es muy importante caracterizar las modificaciones postraduccionales de las proteínas, que son de gran importancia en la biología porque estas modificaciones regulan las funciones de las proteínas. Por último, la función de las proteínas está modulada por diversos factores, entre ellos otras proteínas, fosfatos, sulfatos, carbohidratos, lípidos y otros metabolitos. Así pues, los estudios de las proteínas también incluyen otros objetivos como las interacciones proteína-proteína (o la interacción con otras clases de moléculas como los ácidos nucleicos). Este es el objetivo del Proteoma de Interacción, un proyecto financiado por la Unión Europea (http://www.interaction-proteome.org).

El Consorcio de Ontología Genética (GO) (Ashburner M. *et al.* , 2000) es ahora una - iniciativa multicéntrica que comenzó como un proyecto conjunto de tres bases de datos de organismos modelo:

FlyBase (Rubin G.M.E.A., 1999), Mouse Genome Informatics (MGI) (Blake J.A. *et al.* , 2003), y la Base de Datos del Genoma de Saccharomyces (Ball C.A. *et al.* , 2000). Esta comunidad abierta decide la definición en texto libre de 'términos' únicos, que luego se utilizan para etiquetar los objetos biológicos mediante anotadores de bases de datos de proteínas. Un objetivo ambicioso del Consorcio es conectar esos términos en una red estructurada de manera que se establezca la relación entre una función biológica y otra (Bono B.D. *et al.* , 2003).

5. El descubrimiento de drogas

La informática biomédica, la convergencia de la bioinformática y la informática clínica, está transformando radicalmente el entendimiento biomédico de la misma manera que la bioquímica lo hizo hace una generación. La revolución de la secuenciación ha abierto nuevas estrategias para el descubrimiento de medicamentos antibióticos. Mediante la secuenciación de los genomas se determina toda la capacidad de codificación de las proteínas y los ARN, lo que proporciona una plataforma para identificar todo el objetivo potencial de los medicamentos en ese genoma concreto (McDevitt D. *et al.* , 2001). La genómica ha permitido identificar y explotar muchos objetivos moleculares. Tres esferas de objetivos han dado lugar a nuevas pistas: las aminoscilo-tRNA sintetasas, la polipéptido deformilasa y la biosíntesis de los ácidos grasos. También se están investigando muchos otros blancos moleculares nuevos en las esferas de la replicación de ADN, la secreción de proteínas, la división celular, la biosíntesis de peptidoglicanos, la transducción de señales, la biosíntesis de aminoácidos aromáticos y la biosíntesis de isoprenoides, en un intento por identificar nuevos compuestos antimicrobianos de plomo (Alksne L. *et al.* , 2000, Barrett J.F. *et al.* , 1998, y Payne D.J. et *al.* , 2000).

Grandes áreas de investigación médica y desarrollo biotecnológico se transformarán permanentemente por la evolución de las técnicas de alto rendimiento y la informática. La tecnología del biochip es una de las innovaciones bioinformáticas más fácilmente aplicables a la investigación biomédica y la medicina clínica. Se ha demostrado que ciertos tipos de cáncer pueden clasificarse mediante la elaboración de perfiles de expresión génica en gran escala (Golub T.R. *y otros*, 1999). El descubrimiento de medicamentos se está transformando gracias a los avances en la biología celular molecular y la bioinformática (Weinstein J.N. *et al.*, 1997). La bioinformática no sustituirá a los experimentos, pero la miniaturización y la automatización de los procesos de laboratorio pueden agilizar y hacer posible el proceso de descubrimiento en un grado extraordinario. La integración de información clínica de calidad escrucial para lograr mejoras reales en los diagnósticos clínicos, terapéuticos y pronósticos. Así pues, la bioinformática no es simplemente una herramienta para ayudar al proceso de descubrimiento; se convierte en una parte integral del descubrimiento y de esta manera transformará permanentemente la estructura de nuestras bases de conocimiento biomédico (Kim J.H., 2002). La revolución genómica está aportando un optimismo renovado, pero todavía queda un largo camino por recorrer si se quiere que las pistas del descubrimiento tengan éxito y formen parte de la próxima generación de antibióticos.

El descubrimiento de objetivos de cáncer requiere un análisis integrado y de alto rendimiento de genes, variantes de genes y cambios en el número de copias de expresión y de ADN. Un tema recurrente para la extracción de datos bioinformáticos es que los datos de muchas fuentes diferentes siguen acumulándose en depósitos públicos. A medida que la cantidad y variedad de los datos sigue aumentando, se pueden seguir desarrollando, perfeccionando y aplicando métodos bioinformáticos para explotar los conjuntos de datos más grandes. La aplicación de los métodos bioinformáticos en el descubrimiento de objetivos de cáncer está comenzando a generar muchas pistas interesantes de objetivos para una mayor validación experimental, aunque (Desany B. *et al.*, 2004). **94**

6. Desafíos

Los desafíos de la bioinformática son desalentadores en su alcance y tamaño. La solución potencial para una tarea determinada es amplia, ya que impide una búsqueda exhaustiva. En estas dificultades, los biólogos tienden a simplificar el problema para generar un espacio de posibles soluciones que pueden buscarse con métodos exhaustivos y de gradiente-descenso. El principal desafío ahora es comprender todos los datos, ya que la velocidad de generación de datos excede su interpretación.

6.1 Gestión de datos

El perfil de la bioinformática cambió drásticamente en la década de 1980 cuando los datos de secuenciación de ADN comenzaron a acumularse. Estos datos tenían que ser almacenados, y los métodos tradicionales en papel eran inadecuados para el volumen de información generado. Así que las secuencias se depositaron electrónicamente en varias bases de datos como el GenBank (figura 2), EMBL. La información sobre las proteínas se depositó en bases de datos como PIR (Protein Information Resource). Además del almacenamiento, se necesitaban programas para analizar los datos. Inicialmente, el mayor interés estaba en las secuencias de ADN que se obtenían normalmente como parte de una búsqueda de descubrimiento de genes. Se requería un análisis computacional para determinar si la secuencia tenía algún **95**homología con otros genes. Mientras que la biología es húmeda y analógica, la mayoría de las técnicas de procesamiento de datos son secas y digitales. Con pocas excepciones, la biología de alto rendimiento requiere la captura automática y la conversión de la información analógica en representación simbólica sin intervención humana. También es necesario automatizar el funcionamiento de rutinas analíticas separadas en un flujo de datos experimentales o derivados.la minería de datos o el descubrimiento de conocimientos en bases de datos [KDD] se ha descrito como "la extracción no trivial de información implícita, previamente desconocida y potencialmente útil a partir de datos" (Frawely W.J. *et al.* , 1991). En la actualidad, la mayoría de los ejercicios de extracción de datos en bioinformática se basan en la necesidad de examinar grandes conjuntos de datos, generalmente basados en secuencias, en busca de "homología". La siembra de tales conjuntos de datos es sensible a la exactitud y organización funcional de cualquier anotación original. Las estadísticas clásicas multivariadas y discriminantes son relevantes para muchos ejercicios de minería de datos biológicos. Entretanto, las disciplinas de la informática relacionadas con la minería de datos han desarrollado una serie de enfoques de aprendizaje automático, como las redes neuronales artificiales, los algoritmos genéticos y las consultas difusas (Baldi P. *et al.* , 1998). Todavía no se han hecho progresos significativos en la realización de una minería de datos sistemática o integrada para la información dispar y compleja de que disponen actualmente los científicos. Los datos comparativos dentro de los genomas y entre ellos, combinados con el análisis transcripcional, proporcionan potentes conjuntos de datos para determinar la función individual, o la acción concertada, de los genes (Raes J. *et al.* , 2003).

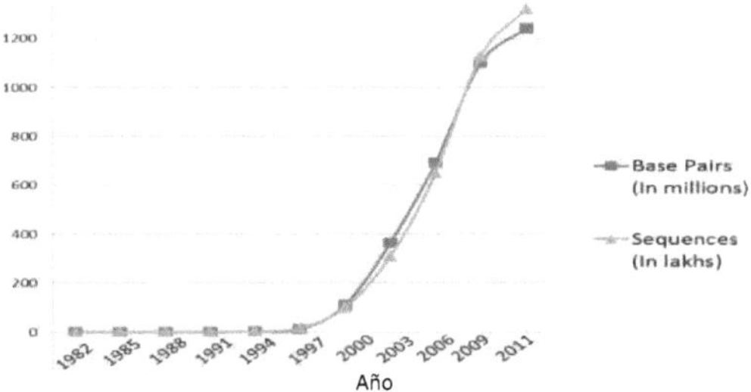

Figura 2: Crecimiento del GenBank (Comparación de secuencias con pares de bases) (http://www.ncbi.nlm.nih.gov/Genbank/genbankstats.html)

6.2 Computación de alto rendimiento

Los desafíos de análisis que enfrenta la bioinformática suelen expresarse cuantitativamente en términos del número total de gigabytes de datos necesarios para representar la totalidad del genoma de un organismo particular, o en términos del número de días de la unidad central de procesamiento (CPU) de la base de datos de secuencias completas de ADN o de proteínas, o el número de días, meses o siglos de CPU necesarios para predecir la estructura plegada de una proteína. Algunas de estas aplicaciones, en particular las que utilizan enfoques de búsqueda exhaustiva y requieren una potencia de cálculo bruta, se beneficiarán de las nuevas y más potentes tecnologías informáticas desarrolladas por la investigación informática y la industria de la informática". Sin embargo, para hacer realidad la promesa de la biología molecular y estructural se requerirá algo más que computadoras de mayor rendimiento (Benton D., 1996).

6.3 Entrenamiento de sensibilización

La bioinformática sigue siendo un término un tanto nebuloso que puede significar cualquier cosa, desde muestras de códigos de barras en un laboratorio industrial hasta la investigación impulsada por hipótesis. Aparte de las aplicaciones obvias de la bioinformática para la gestión de datos, la investigación en biología computacional se divide en dos escuelas principales: el análisis e interpretación de datos y el desarrollo de nuevos algoritmos y estadísticas (en esta guía encontrará ejemplos de ambas escuelas). La mayoría de los profesionales actuales siguen siendo autodidactas porque todavía no existen departamentos universitarios de biología computacional. Otros tipos de programas de capacitación son limitados en número y alcance (Austin M.J.F., 1998), aunque periódicamente se ofrecen varios cursos cortos excelentes y prácticos [como el del Laboratorio Cold Spring Harbor (http://nucleuscshl.org/meetings/98c-ecg.htm)]. Por lo tanto, la oferta de "mano de obra calificada" en bioinformática es inadecuada, y la mayoría de las organizaciones deben estar dispuestas a proporcionar capacitación en el trabajo. Las fuerzas del mercado han respondido a este problema de suministro de mano de obra mediante la creación de varias empresas pequeñas que proporcionan productos y servicios bioinformáticos, en su mayoría para la industria, por lo que las grandes empresas ahora tienen la opción de subcontratar algunas de sus necesidades bioinformáticas a terceros.

No obstante, existe una necesidad urgente de formar a la próxima generación de una manera más formal y académica, estableciendo programas de formación en departamentos universitarios con una "masa crítica" de profesores y un apoyo financiero adecuado. También se debe fomentar y apoyar la formación adecuada a nivel de licenciatura. Una señal alentadora es la afluencia de físicos a la biología. Para aquellos que quieren enseñarse a sí mismos, recientemente han aparecido varios libros excelentes que hacen hincapié tanto en los aspectos prácticos (Baxevanis A. *et al.* , 1998) como en los teóricos de la biología computacional (Baldi P. et *al.* , 1998, Durbin R. et *al.* , 1998 y Gusfield D. *et al.* , 1997).

6.4 Desarrollo de software

La investigación requiere instrumentos nuevos y mejorados para la gestión de la información tanto a nivel de laboratorio como a nivel de bases de datos nacionales/internacionales (y para establecer las conexiones entre ellas). La investigación biomédica también requiere métodos analíticos nuevos y mejorados. Estos métodos son esenciales para la producción más rápida de resultados de la investigación biológica. El análisis es necesario para convertir los datos moleculares y estructurales en conocimientos biológicos. Por ejemplo, si bien la tecnología promete poner rápidamente a disposición los datos de las secuencias, es probable que las mejoras de los métodos experimentales de determinación de la función biológica no sean tan rápidas, y los análisis computacionales serán a menudo los primeros instrumentos aplicados a la determinación de la función de los genes (Benton D. *y otros*, 1996). En muchos casos, el desarrollo y la aceptación de nuevos instrumentos se ve obstaculizado por la falta de normas de representación e intercambio de datos o por la existencia de múltiples "normas" que compiten entre sí. La explosión de datos modifica los viejos desafíos de la biología computacional y presenta nuevas y emocionantes perspectivas. En la tabla 2 se enumeran pocos de los programas/herramientas de código abierto que se utilizan ampliamente en la bioinformática.Tabla 2: Lista de programas/herramientas de bioinformática

Análisis de secuencias		Análisis filogenético	Análisis estructural	Herramientas misceláneas
ALINEACIÓN	BioEdit	PHYLIP	Rasmol	Bioclipse
CENSOR	FASTA	PAML	Qutemol	BioRails
CLUSTALW2	HMMER	Batwing	PyMol	UGENE
CpG Plot / CpGreport	JAligner	B ayesFilogenias	MeshLab	GENtle
Genewise	JSTRING	Rasgos de Bayes	Quimera	EMBOSS
Kalign	Gene Runner/ Motif Runner	BEAST	Visor SwissPDB	AutoDock
MAFFT	CORAL (CDTree)	Bosque	Molekel	BioPerl
MÚSCULO	MAFFT	ClustalW	Citoespacio	BioPHP
PromoterWise	Suite MEME	fastDNAml	BioClipse	Biopitón
Pepstats/Pepwindow/Pepinfo	ACT (Herramienta de comparación de Artemis)	Genealógico	Avogadro	Navegador de Genoma Integrado
SOAP2	B última Alinear	HyPhy	Jmol	Java TreeView
T-café	Software ARB	IQPNNI	Diseñador de Ascalaph	Servidor LabKey
Transeq	Análisis automatizado del uso del codón Software - ACUA	MEGA	GROMACS	APBioKnoppix
COBALT	**Anotación**	Mesquite	MDynaMix	Servicios de computación de la EMBL

Banco de trabajo del genoma	Synteny	MOLFEO	TINKER	Colorante de proteínas
Buscador de ORF	Artemis	MrBayes	NAMD	ReadSeq
NCBIBLAST	Buscador de proteínas	Red	DaliLite	FastPCR
ProSplign	Glimmer	Nona	EMSearch	Explorador MA
Splign	GlimmerHMM	SEMFILA	MaxSprout	DARWIN
VecScreen	tRNAscan	Árbol partido	MSDfold	DNATrapper
Análisis de secuencias	FingerPRINTScan	TNT (Análisis de árbol usando Nueva Tecnología)	MSDpro	SMSD (Pequeña Molécula Detector de Subgrafo)
SeWeR	Inquisidor	TreeGen	PDBeSite	MIRA
Búsqueda de motivos	InterProScan	TreeFinder	PQS - Rápido	CORREA
Traductor de ADN	Fobio	TREE-PUZZLE	Servicios de PDBE	CUERDA
MAUVE	PPSearch	T-REX	PQS	Buscador de repeticiones en tándem
TransTerm	Pratt	Winclada	PROCOGNADO	pDRAW32
Buscador de genes de ARN no codificante	Radar	Genomicus	Tempura	PHRED, PHRAP, CONSED
Clustalformatter 5	Proteax	Xrate	PDBeFOLD	Perfil de expresión

7. Conclusión

La bioinformática está haciendo una contribución clave a la organización y el análisis de la enorme cantidad de datos biológicos de los proyectos de secuenciación del genoma y, cada vez más, de otras áreas de métodos de experimentación biológica "de alto rendimiento", "masivamente paralelos", robotizados y miniaturizados. El campo de la bioinformática está lleno de nuevos y apasionantes desafíos para los informáticos. La industria farmacéutica se ha beneficiado enormemente de la acumulación de datos de secuencias mediante la identificación de objetivos y candidatos para el desarrollo de medicamentos, vacunas, marcadores de diagnóstico y proteínas terapéuticas. A medida que la bioinformática pase de la construcción de datos biomoleculares a sus funciones biológicas y su importancia clínica, la información clínica de calidad se convertirá en la parte fundamental de los futuros progresos científicos. El principal desafío en los próximos decenios será la integración de la bioinformática y los sistemas de información clínica. Las estadísticas son uno de los principales factores que contribuyen al éxito de la bioinformática. Las tecnologías de alto rendimiento están generando grandes conjuntos de datos y nuevos problemas. Esta interacción ha promovido el desarrollo en la estadística de herramientas para controlar la tasa de falsos descubrimientos, realizar una selección agresiva de variables, aplicar análisis de conglomerados multivías y realizar promedios de modelos. La integración mundial de los conocimientos biológicos es un reflejo de la mayor creación de consenso entre las diversas disciplinas de las ciencias biológicas. En consecuencia, en los próximos años se producirá un desplazamiento del mero "consumo" de servicios bioinformáticos por parte del biólogo molecular a una mera función de "ingeniería" e innovación. Es absolutamente esencial destacar la enormidad de los cambios en la biología (especialmente la genética y la fisiología) que serán impulsados por la genómica, y también el desafío que la biología integradora enfrenta en las próximas décadas. La magnitud de los cambios en los paradigmas de la biología probablemente todavía no se aprecie plenamente. Estos cambios requerirán un enfoque multidisciplinario que incluya la ingeniería y la informática para almacenar y analizar los datos genómicos. Hay una inmensa necesidad de bioinformática en todo el mundo.

Referencias

- Alksne L. *y otros* (2000) Identificación y análisis de los inhibidores de la secreción bacteriana utilizando un sistema de fusión reportero SecA-LacZ. *Antimicrobiano. Agentes químicos.* 44: 1418-1427.
- Andrade M.A. y Sander C. (1997) Bioinformática desde los datos del genoma hasta el conocimiento biológico. Current Opinion *in Biotechnology.* 675-683.
- Ashburner M., Ball C.A., Blake J.A., Botstein D., Butler H., Cherry J.M., et al. (2000) Gene ontology: tool for the unification of biology. El Consorcio de Ontología Genética. *Nat Genet.* 25(1):25.
- Austin, M.J.F. (1998) Current Status of Bioinformatics Training Programs and Related Activities. *Instituto de Investigación del Genoma de Merck, West Point, PA, USA.*
- Baldi P., Brunak S., Matheus C.J. (1998) Bioinformatics: the machine learning approach. *Cambridge, MA: MIT.*
- Baldi P. y Brunak S. (1998) Bioinformatics:The Machine Learning Approach. *MIT Press.*
- Ball C.A., Dolinski K., Dwight S.S., Harris M.A., Issel-Tarver L., Kasarskis A., y otros (2000) Integrando información genómica funcional en la base de datos del genoma de Saccharomyces. Ácidos nucleicos *Res.* 28(1): 77.
- Barrett J.F. *y otros* (1998) Agentes antimicrobianos que inhiben los sistemas de transducción de señales de dos componentes. *Proc. Natl. Acad. Sci. U. S. A.* 95: 5317-5322.
- Baxevanis A. y Ouellette B.F.F. (1998) *bioinformatics:A Practical Guide to the Analysis of Genes and Proteins*, John Wiley & Sons.
- Bensmail H. y Haoudi A. (2003) Postgenomics: proteómica y bioinformática en la investigación del cáncer. *J Biomed Biotechnol.* 4: 217-230.
- Benton D. (1996) Bioinformática - Principal y Potencial de una nueva herramienta multidisciplinar. *TIBTECH.* 14: 261-272.
- Blake J.A., Richardson J.E., Bult C.J., Kadin J.A. y Eppig J.T. (2003) MGD: the Mouse Genome Database. Ácidos nucleicos *Res.* 31(1):193.
- Bono B.D. y Trowsdale J. (2003) Exploring the immunogenome with bioinformatics. Seminarios *en Inmunología.* 15: 233-238.
- David W. Corne y Gary B. Fogel (2003) An Introduction to Bioinformatics for

Computer Scientists. Computación evolutiva *en bioinformática*.

- Desany B. y Zhang Z. (2004) Bioinformatics and cancer target discovery. *Drug Discovery Today*. 9(18): 795-802.
- Durbin R. *y otros* (1998) Biological Sequence Analysis: Probabilistic Models of Proteins and Nucleic Acids, *Cambridge University Press*.
- Fiers W., Contreras R., Duerinck F., Haegeman G., Iserentant D., Merregaert J., et al. (1976) Complete nucleotide sequence of bacteriophage MS2 RNA: primary and secondary structure of the replicase gene. *La naturaleza*. 260: 500-507.
- Fiers W., Contreras R., Haegeman G., Rogiers R., Van de Voorde A., Van Heuverswyn H., et al. (1978) Secuencia nucleotídica completa de ADN SV40. *La naturaleza*. 273: 113-120.
- Fleischmann R.D., Adams M.D., White O., Clayton R.A., Kirkness E.F., Kerlavage A.R., y otros (1995) Whole-genome random sequencing and assembly of Haemophilus influenza Rd. *Science*. 269: 496-512.
- Fraser C.M., Gocayne J.D., White O., Adams M.D., Clayton R.A., Fleischmann R.D., y otros (1995) The minimal gene complement of Mycoplasma genitalium. La *ciencia*. 270: 397-403.
- Frawely W.J., Piatesky-Shapiro G. y Matheus C.J. (1991) Knowledge discovery in databases: an overview. En: Piatetsky-Shapiro G, Frawely WJ, editores. Knowledge discovery in databases. *AAAI/MIT Press*. 1-27.
- Garvey T.D., Lincoln P., Pedersen C.J., Martin D. y Johnson M. (2003) BioSPICE: Acceso a las herramientas computacionales más actuales para los biólogos. *ÓMICOS*. 7: 411-420.
- Goffeau A., Barrell B.G., Bussey H., Davis R.W., Dujon B., Feldmann H., et al., (1996) Life with 6000 genes. La *ciencia*. 274: 546-567.
- Golub T.R., Slonim D.K., Tamayo P., Huard C., Gaasenbeek M., Mesirov J.P., Coller H., Loh M.L., Downing J.R., Caligiuri M.A., Bloomfield C.D. y Lander E.S. (1999) Molecular classification of cancer: class discovery and class prediction by gene expression monitoring. *La ciencia*. 286: 531-537.
- Gusfield D. (1997) Algoritmos sobre cuerdas, árboles y secuencias: Ciencia de la Computación y Biología Computacional. *Cambridge University Press*.
- Hergenhahn M., Muhlemann K., Hollstein M. y Kenzelmann M. (2003) DNA microarrays: perspectives for hypothesis-driven transcriptome research and for clinical applications. *Curr Genomics*. 4: 543-555.

- Hiller N.L., Janto B., Hogg J.S., Boissy R., Yu S., Powell E., y otros (2007) Comparative genomic analyses of seventeen Streptococcus pneumoniae strains: insights into the pneumococcal supragenome. *J. Bacteriol.* 189: 8186-8195.

- Hocquette J. F. (2005) Where are we in Genomics. *J. de Fisiología y Farmacología.* 56(3): 37-70.

- Humphery-Smith I. (2004) Un proyecto de proteoma humano con un principio y un fin. *La proteómica.* 4: 2519-2521.

- Janssen P., Audit B., Cases I., Darzentas N., Goldovsky L., Kunin V., Lopez-Bigas N., Peregrin-Alvarez J.M., Pereira-Leal J.B., Tsoka S. y Ouzounis C.A. (2003) Beyond 100 genomes. *Genoma Biol. 4,* 402-402.

- Kanehisa M. y Bork P. (2003) Bioinformatics in the post-sequence era. *Nat Genet.* 33(S): 305-310.

- Keim P. y Smith K.L. (2002) Evolución y epidemiología del Bacillus anthracis. *Curr. Arriba. Microbiol. Immunol.* 271: 21-32.

- Kim J.H. (2002) Bioinformática y medicina genómica. *La genética EN LA medicina.* 4(6): 62S-65S.

- Lefe'bure T. y Stanhope M. (2007) Evolución del núcleo y el pangenoma de Streptococcus: selección positiva, recombinación y composición del genoma. *Genoma Biol.* 8: R71.

- Lefe'bure T. y Stanhope M.J. (2009) Pervasivo, positivo en todo el genoma selección que conduce a la divergencia funcional en el género bacteriano Campylobacter. *Genoma Res.* 19:1224-1232.

- Luscombe N.M., Greenbaum D. y GersteinM . (2001) What is bioinformática? Una propuesta de definición y visión general del campo. *Método Informar a Med.* 4: 346-358.

- McDevitt D. y Rosenberg M. (2001) Explotación de la genómica para descubrir nuevos antibióticos. Tendencias *en microbiología.* 9(12): 611-617.

- Medini D., Donati C., Tettelin H., Masignani V. y Rappuoli R. (2005) The microbial pangenome. *Curr. Opinión. Genet. Dev.* 15: 589-594.

- Payne D.J. *y otros* (2000) The impact of genomics on novel antibacterial targets. *Curr. Opinión. Drug Discov. Devel.* 3: 177-190.

- Pruess M. y Apweiler R. (2003) Recursos bioinformáticos para el análisis del proteoma de silicio. *J Biomed Biotechnol.* 4: 231-236.

- Raes J., Rohde A., Christensen J.H., Van de Peer Y. y Boerjan W. (2003) Genome-wide characterization of the lignification toolbox in Arabidopsis. *Plant Physiol.* 133: 1051-71.

- Rasko D.A., Rosovitz M.J., Myers G.S.A., Mongodin E.F., Fricke W.F., Gajer P., y otros (2008) The pangenome structure of Escherichia coli: comparative genomic analysis of E. coli commensal and pathogenic isolates. *J. Bacteriol.* 190: 6881-6893.

- Rubin G.M.E.A. (1999) La base de datos FlyBase de los Proyectos del Genoma de *Drosophila* y la literatura comunitaria. El Consorcio FlyBase. Ácidos nucleicos *Res.* 27(1): 85.

- Sanger F., Air G.M., Barrell B.G., Brown N.L., Coulson A.R., Fiddes J.C., et al. (1977) Secuencia nucleotídica del ADN del bacteriófago phiX174. *Nature* 265: 687-695.

- Tettelin H., Masignani V., Cieslewicz M.J., Donati C., Medini D., Ward N.L., y otros (2005) Genome analysis of multiple pathogenic isolates of Streptococcus agalactiae: implications for the microbial "pan-genome". *Proc. Acad. Sci. U.S.A.* 102:, 13950-13955.

- Tomb J.F., White O., Kerlavage A.R., Clayton R.A., Sutton G.G., Fleischmann R.D., y otros (1997) La secuencia del genoma completo del patógeno gástrico Helicobacter pylori. *La naturaleza.* 388: 539-547.

- Weinstein J.N., Myers T.G., O'Connor P.M., Friend S.H., Fornace A.J. Jr, Kohn K.W., Fojo T., Bates S.E., Rubinstein L.V., Anderson N.L., Buolamwini J.K., van Osdol W.W., Monks A.P., Scudiero D.A., Sausville E.A., Zaharevitz D.W., Bunow B., Viswanadhan V.N., Johnson G.S., Wittes R.E. y Paull K.D. (1997) Un enfoque intensivo en información sobre la farmacología molecular del cáncer. *Ciencia.* 275: 343-349.

Capítulo 5

Bioinformática: Futura aplicación en la microbiología

Naveen Sharma, Anil Rai, K.K. Chaturvedi & Md. Samir Faruqui

Instituto de Investigación de Estadísticas Agrícolas de la India (I.C.A.R), Centro de Bioinformática Agrícola
(CABin), Pusa Campus Nueva Delhi

Resumen

Este artículo de revisión aborda las tendencias actuales de la bioinformática como un campo interdisciplinario (microbiología, biotecnología, bioquímica, patología, etc.) que depende de la colaboración de diversos grupos de especialistas para resolver problemas complejos. En este examen se utilizará un enfoque similar al de la investigación y la solución de problemas para los métodos de modelización con la ayuda de científicos de la informática y la estadística para analizar datos moleculares y genómicos, así como estrategias para los investigadores en oportunidades de aprendizaje profundo. La bioinformática tiene repercusiones en la microbiología en muchas esferas, entre ellas la medicina, la agricultura, la conservación y la evolución. En este examen se hará hincapié en los espacios problemáticos en los que las relaciones entre la teoría de la evolución y el análisis de los genomas microbianos, la secuencia molecular y los datos estructurales proporcionan un marco para abordar una amplia gama de problemas biológicos.

1. Introducción

La microbiología es el estudio de los microorganismos. Son pequeñas formas de vida vivas, que no podemos ver a simple vista. Si un objeto tiene un diámetro inferior a 0,1 mm, el ojo no puede percibirlo en absoluto, y se pueden percibir muy pocos detalles en un objeto con un diámetro de 1 mm. En general, los organismos con un diámetro de 1 mm o menos son microorganismos, y entran en la amplia categoría de la microbiología. Antony van Leeuwenhoelk (1632 - 1723) fue el primero en descubrir el mundo microbiano. Algunos científicos propusieron una teoría de generación espontánea de vida microbiana. Pasteur en 1862, utilizando equipo esterilizado, demostró que el crecimiento de los microorganismos sólo era posible si se daba una oportunidad para la contaminación exterior. El auge de la microbiología ha perfeccionado los procesos microbiológicos tradicionales y ha añadido procesos totalmente nuevos como la producción de ácidos orgánicos, disolventes, vitaminas, antibióticos, etc. Se ha añadido una dimensión completamente diferente a la microbiología tradicional mediante la ingeniería genética.

Las bacterias, la levadura y el moho son tres tipos de microorganismos. Los microorganismos existen en todas partes en la naturaleza: en el suelo, el aire, el agua, la mesa, nuestro estómago. Los científicos los han recogido de las cimas de las montañas y de las partes más profundas del océano. Cada ambiente tiene un conjunto específico de microorganismos que es ideal para vivir en ese ambiente. Están presentes en los animales, las personas y en el aire que respiramos. Los microorganismos tienen un impacto directo en nuestra vida cotidiana. Algunos son útiles. Las bacterias participan en nuestros procesos corporales ayudando a descomponer algunas vías y complejos alimenticios en diferentes sustancias. Algunos microorganismos son dañinos para nuestro cuerpo, causando enfermedades.

Los microorganismos provocan una serie de importantes transformaciones químicas en la naturaleza. La producción de alcohol, la fabricación de queso y yogur son algunos de los procesos que la humanidad ha aprovechado desde la prehistoria. Los microorganismos también son responsables de la descomposición de la materia orgánica en la naturaleza. Las características (micro) biológicas del agua, en concreto la población acuática residente de microorganismos, influyen directamente en la calidad del agua. El impacto más importante es la transmisión de enfermedades por organismos patógenos en el agua. Otros impactos importantes en la calidad del agua incluyen el desarrollo de sabores y olores en las aguas superficiales y subterráneas.

La bioinformática es un nuevo campo de la ciencia, pero está progresando muy rápidamente en todos los campos de la microbiología y la biotecnología. La bioinformática se une a la microbiología en muchas áreas, incluyendo la medicina, la salud pública, la agricultura y la biodiversidad. Como tiene su aplicación en la medicina al proporcionar la información del genoma de varios organismos, de manera similar el campo de la agricultura también ha aprovechado este campo porque los microorganismos juegan un papel importante en la agricultura y la bioinformática proporciona información genómica completa de estos organismos. La secuenciación del genoma de las plantas y los animales también ha proporcionado beneficios a la agricultura. Los instrumentos de la bioinformática están desempeñando un papel importante en el suministro de información sobre los genes presentes en el genoma de estas especies. Estas herramientas también han permitido predecir la función de diferentes genes y factores que afectan a estos genes. La información que proporcionan los instrumentos sobre los genes hace que los científicos produzcan especies mejoradas de plantas que tienen resistencia a la sequía, a los herbicidas y a los plaguicidas. Del mismo modo, se pueden modificar genes específicos para mejorar la producción de cultivos, carne y leche. La bioinformática se utiliza para averiguar las clasificaciones taxonómicas y evolutivas, la expresión de los genes; se pueden hacer ciertos cambios en su genoma para hacerlos resistentes a las enfermedades.

2. Taxonomía y clasificación

El mundo microbiano tiene una extraordinaria diversidad en su morfología, fisiología, genética, etc., debido a la desconcertante diversidad de los microbios. Es esencial clasificarlos u organizarlos en grupos basados en sus similitudes mutuas. Características del organismo que clasifica su reino: tipo de célula, forma corporal, composición de la pared celular, modo de alimentación, sistema nervioso y locomoción. Generalmente las células son de dos tipos (Tabla 1.1).

2.1 Célula procariotica: Normalmente son más pequeñas que 5 pm de diámetro como se muestra en la Fig 1.2 y tienen una estructura mucho más simple. En esta célula el núcleo contiene una única y larga molécula de ADN y no está separada del citoplasma por una membrana. El citoplasma ocupa la mayor parte del espacio y tiene una estructura relativamente uniforme. Las enzimas para la respiración y la fotosíntesis están alojadas en la membrana celular, que también regula el flujo de materiales dentro y fuera de la célula. La mayoría de las células están rodeadas por una pared celular rígida. Las células procariotas se mueven por la acción de los flagelos.

2.1.1 Monera: La mayoría de las bacterias no se fotosintetizan (parásitos) excepto la bacteria azul-verde.

2.2 Célula eucariota: Una célula eucariota tiene un diámetro de 20 pm o más. En las células eucariotas el núcleo que consiste en subunidades llamadas cromosomas que están compuestos de ácido desoxirribonucleico (ADN) contiene la información genética. El núcleo está contenido en una membrana. Esta célula contiene mitocondrias y cloroplastos que son sitios de generación de energía. Las vacuolas y los lisosomas están involucrados en la ingestión y la digestión de los alimentos. El citoplasma de esta célula contiene una suspensión coloidal de proteínas, carbohidratos y orgánulos importantes como el retículo endoplasmático, el aparato de Golgi y el ribosoma, que están involucrados en la síntesis de proteínas. El citoplasma también es un medio de locomoción en las células sin paredes celulares por el movimiento ameboide. Algunas células eucarióticas tienen flagelos que proporcionan un medio de locomoción para las células, que tienen una pared celular rígida. Las células eucariotas se subdividen en cuatro reinos:

2.2.1 Protista: Algunos de los protozoos son móviles y se alimentan de bacterias y otras materias orgánicas. Las algas son parte de este reino. Las algas se fotosintetizan y viven en el agua. La microscopía electrónica ha demostrado que los protistas pueden clasificarse en dos categorías, los protistas superiores, que tienen una célula organizada, o célula eucariótica, y los protistas inferiores, que tienen una estructura celular simple o célula procariota. La célula eucariota es la unidad de estructura en los protozoos, los hongos y la mayoría de los grupos de algas, mientras que la célula procariota es la unidad de estructura en las bacterias y las algas verde-azuladas. Las partículas virales tienen una estructura aún más simple, que no puede ser clasificada, como una célula.

2.2.2 Hongos: Moldes, levaduras, hongos, herrumbres y mohos. Parásitos o descomponedores. Los hongos no contienen clorofila y no pueden sintetizar alimentos. En cambio, secretan enzimas que digieren el material de los alimentos fuera de los organismos.

2.2.3 Planeta: Las plantas son organismos vivos que pertenecen al reino del Planeta. Incluyen organismos familiares como árboles, hierbas, arbustos, pastos, helechos, musgos y algas verdes.

2.2.4 Animalia: Los animales tienen varias características que los diferencian de otros seres vivos. Los animales son eucariotas y en su mayoría multicelulares, lo que los separa de las bacterias y los protozoos.

Mesa: 1.1 Agrupación taxonómica de microorganismos

Clasificación de las células	Reino	Miembro representante
Células eucariotas :	Animal	Crustáceos, gusanos, rotíferos
Las células contienen un núcleo encerrado dentro de una membrana nuclear bien definida	Planta	Plantas acuáticas, plantas de semillas, helechos y musgos
	Protista	Protozoos, algas, hongos

Células procariotas: **Núcleo** no encerrado en una verdadera membrana nuclear	Monera	Bacterias, algas

3. Nomenclatura para los microorganismos

Para todos los organismos los microorganismos se basan en un sistema de clasificación de siete pasos:

Reino - Filo - Orden de clase - Familia - Género - Especie

El nombre científico de cualquier organismo incluye tanto el nombre del género como el de la especie. El nombre de género siempre se da primero, y se escribe con mayúsculas. El nombre de la especie no se escribe con mayúsculas. Ambos nombres siempre se escriben en cursiva. Por ejemplo, el nombre científico de una bacteria común es *Escherichia coli* llamada *E. coli*. Esta bacteria pertenece al género *Escherichia* y a la especie *coli*.

4. Requerimientos nutricionales

Para seguir reproduciéndose y funcionando correctamente, los organismos deben tener fuentes de energía y carbono para la síntesis de nuevo material celular. Los organismos pueden clasificarse según sus fuentes de energía y de carbono como se indica en el cuadro 1.2.

Cuadro N° **1.2 Clasificación de los** organismos basada en las fuentes de energía y de carbono

Clasificación	Fuente de energía	El carbono...	Organismos representativos
Fotoautotrofia	Luz	Dióxido de carbono	Plantas superiores, algas, bacterias fotosintéticas
Foto heterotrofo	Luz	Orgánico	Bacterias fotosintéticas
Quimioautotrofio	Materia inorgánica	Dióxido de carbono	Bacterias
Quimioheterotrofo	La materia orgánica	La materia orgánica	Bacterias, hongos, protozoos, animales
* los organismos que utilizan el dióxido de carbono como su única fuente de carbono se llaman autoalimentación (autotrof). La autotrofia no se refiere a la fuente de energía.			

Los microorganismos pueden clasificarse además como aeróbicos, anaeróbicos o facultativos según su necesidad de oxígeno.

5. Microorganismos importantes:

Algunos de los microorganismos importantes son los siguientes:

5.1 Bacterias: Las bacterias son protistas unicelulares. Son del reino de los protistas inferiores, lo que significa que son células procariotas, sin núcleo claro, sólo un área nuclear. Utilizan alimentos solubles y se reproducen por fisión binaria. Metabólicamente, la mayoría de las bacterias son heterótrofas. Las formas autótrofas obtienen energía por oxidación de sustratos inorgánicos como el amoníaco, el hierro y el azufre. También hay algunas bacterias fotosintéticas autótrofas. Dependiendo de su reacción metabólica, las bacterias pueden clasificarse como aeróbicas, anaeróbicas o facultativas. Varias bacterias patógenas causan muchas enfermedades en los humanos. Su única célula no contiene una membrana celular adecuada y orgánulos celulares. No hay mitocondrias en ella. Se dividen por fisión binaria, no se produce mitosis o meiosis en ellas. Las bacterias son de gran importancia en la industria biotecnológica. Antes del progreso de la biotecnología, se había utilizado en muchas aplicaciones domésticas, por ejemplo en el proceso de hacer yogur. Las bacterias también son importantes porque producen metabolitos secundarios. La *E.coli* tiene especial importancia porque se utiliza en la clonación de muchos genes. Las bacterias también pueden utilizarse en la agricultura.

Hay ciertas bacterias que contienen propiedades especiales que son beneficiosas para las plantas. Estas bacterias están presentes en el suelo y afectan a los cultivos luchando contra las bacterias dañinas y también son la fuente de nutrición de los cultivos. Algunas bacterias como el *rizobio* y *las agrobacterias* se utilizan para liberar inoculantes de semillas y son muy útiles para las plantas. Las bacterias como el *Azoarcus* son de mucha importancia para las plantas ya que fija el endofito de las gramíneas. Este tipo de bacteria es mayormente útil para el cultivo de arroz y son muy amigables con el medio ambiente. Cuando la semilla se siembra en el suelo, las bacterias juegan un papel importante en su germinación. Las bacterias crecen en la semilla a cambio de obtener alimentos de ella. Las bacterias aumentan la fertilidad del suelo y proporcionan tales nutrientes al suelo que son útiles para el crecimiento de la planta. También ayudan a suavizar el alimento en la semilla, lo que ayuda a las plantas a salir de las semillas. Aunque no se sabe con certeza qué papel desempeñan las bacterias cuando las plantas crecen, pero son de gran importancia en las primeras etapas del desarrollo de las plantas. Ciertos pesticidas se desarrollan usando bacterias que benefician a los cultivos. El *Bacillus thurengiensis* es una bacteria grampositiva usada en la agricultura. Sobre la base de los aspectos de la agricultura las bacterias se dividen en dos categorías primero es la bacteria promotora del crecimiento de las plantas y la bacteria fitopatógena. Las bacterias de la primera categoría incluyen por ejemplo, *Azoarcus*, un endofito fijador de N2 de las gramíneas. Su gama de hospederos incluye plantas de cultivo importantes como el arroz. Por lo tanto, el organismo tiene un enorme potencial para su uso como agente ecológico en la agricultura sostenible. Por ejemplo, Rhizobium, *Sino rhizobium meliloti* y *Bradyrhizobium japonicum.* Otra categoría se centra en las bacterias fitopatógenas *Clavibacter michiganensis subsp. michiganensis,* así como en *Xanthomonas campestris* pvs. campestris y vesicatorias. Todas estas bacterias fitopatógenas son responsables de los daños que se producen cada año en todo el mundo.

Las bacterias son muy importantes para el medio ambiente ya que hacen que el entorno esté libre de los contaminantes. Los contaminantes que surgen de los desechos industriales, las bacterias tienen la capacidad de digerirlos para que puedan ser reciclados en forma de energía y nutrientes y no dañen el medio ambiente. Las bacterias también convierten los árboles en carbón que están enterrados bajo la tierra durante millones y miles de millones de años. Este carbón puede ser usado como combustible, para producir electricidad y otros propósitos útiles.

5.2 Virus: Los virus son partículas sub-microscópicas que no pueden replicarse o adaptarse a las condiciones ambientales fuera de un huésped vivo. Por lo tanto, todos los virus son parásitos, y requieren un organismo anfitrión para sobrevivir y reproducirse. Un virus consiste en una cadena de material genético, ADN o ARN, dentro de una capa de proteína. Las partículas no tienen la capacidad de sintetizar nuevos compuestos. En su lugar, invaden las células vivas, donde el material genético viral redirige las actividades de la célula hacia la producción de nuevas partículas virales, a expensas del crecimiento de la célula huésped. Cuando la célula huésped infectada muere, se libera un gran número de virus para infectar otras células. Todos los virus son extremadamente específicos del huésped. Por lo tanto, un virus particular puede atacar sólo una especie de organismo. Un número de enfermedades virales se transfieren comúnmente a través del agua. Los virus más importantes en la calidad del agua son los virus entéricos, es decir, los que habitan en el tracto intestinal. Los virus que se ingieren del agua pueden dar lugar a una variedad de enfermedades, incluida la hepatitis. Enfermedades del sistema nervioso central causadas por el virus de la poliomielitis, los virus coxsackie y los ecovirus.

5.3 Hongos: Los hongos son del Reino de los protistas superiores. Son organismos aeróbicos, multicelulares, no fotosintéticos que tienen células eucariotas (es decir, un núcleo celular claro con membrana nuclear). La mayoría de los hongos son *saprofitos, obteniendo* su alimento de materia orgánica muerta. Los hongos son en su mayoría organismos multinucleares que tienen una estructura vegetativa conocida como micelio. El micelio consiste en un sistema rígido y ramificado de tubos, a través del cual fluye una masa multinucleada de citoplasma. El micelio surge por la germinación y el crecimiento de una sola célula reproductiva, o espora. Las levaduras son hongos que no pueden formar un micelio y por lo tanto son unicelulares. Junto con las bacterias, los hongos son los principales organismos responsables de la descomposición del carbono en la biosfera.

A diferencia de las bacterias, los hongos pueden crecer en áreas de baja humedad, y pueden crecer en ambientes de baja PH. Debido a estas características, los hongos desempeñan un papel importante en la descomposición de la materia orgánica tanto en los ambientes acuáticos como en los terrestres. A medida que la materia orgánica se descompone, los hongos liberan dióxido de carbono a la atmósfera y nitrógeno al medio ambiente terrestre. En el cuadro 1.3 se presentan algunos hongos importantes.

Cuadro 1.3 Algunos hongos filamentosos de especial importancia para el hombre

Medicina	Agricultura	Biotecnología
Cándida albicans	*Ustilago* spp.	*Aspergillus niger*
Fumigaciones con Aspergillus	*Magneporthe grisea*	*Aspergillus oryzae*
Coccidiodes immitis	*Fusarium* spp	*Aspergillus awamori*
Histoplasma capsulatum	*Erysipe* spp.	*Penicillium chrysogenum*
Cryptococcus neoformans	*Aspergillus flavus*	*Trichoderma reesei*
Pneumocystis carnii	*Phytophthora infestans*	
	Agaricus bisporus	

5.4 Algas: El nombre de algas, se aplica a un grupo diverso de microorganismos eucarióticos que comparten algunas características similares. Las algas son unicelulares o multicelulares, autótrofas, protistas fotosintéticas. Se clasifican según su pigmento fotosintético y sus propiedades celulares taxonómicas y bioquímicas. Su tamaño varía desde pequeñas células individuales hasta formas ramificadas de longitud visible.

Típicamente, las algas son organismos que contienen clorofila y son capaces de hacer la fotosíntesis. La presencia de clorofila en las algas es la principal característica utilizada para distinguirlas de los hongos. Además de la clorofila, otros pigmentos que se encuentran en las algas son los carotenos (naranja) y otros pigmentos de color (rojo, marrón, azul, amarillo). Las combinaciones de estos pigmentos dan como resultado los diversos colores de las algas que se observan en la naturaleza. Las algas, como todas las plantas superiores, utilizan el CO_2 y la luz para la síntesis del carbono celular, en un proceso conocido como fotosíntesis. La luz es absorbida por los pigmentos celulares (por ejemplo, la clorofila o los carotenoides), dando la energía para que se produzca la reacción fotosintética. Durante el proceso se produce oxígeno. Por la noche, las algas utilizan el oxígeno en el proceso de respiración. La respiración también se produce durante el día, pero la cantidad de oxígeno consumido es menor que la cantidad de oxígeno producida por la fotosíntesis.

5.5 Protozoos: Los protozoos son microorganismos unicelulares del Reino Protista. Los protozoos son heterótrofos móviles, unicelulares y aeróbicos. Son más grandes que las bacterias y a menudo consumen bacterias como fuente de alimento. Son células eucarióticas, pero no tienen paredes celulares. La mayoría de los protozoos son de vida libre en la naturaleza, aunque varias especies son parásitas, y deben vivir en o sobre un organismo anfitrión. El organismo anfitrión puede variar desde organismos primitivos como las algas hasta organismos altamente complejos, incluyendo a los seres humanos. La giardiasis es la más extendida de las enfermedades protozoarias que ocurren en todo el mundo. Esta enfermedad intestinal es causada por la ingestión de alimentos o agua contaminados con heces de humanos u otros mamíferos que contienen el flagelo (Mastigophora), *Giardia lambia*. Giardia *lambia* coloniza el intestino delgado y causa diarrea y dolor abdominal.

5.6 Gusanos: Varios gusanos son importantes con respecto a la calidad del agua, principalmente desde el punto de vista de las enfermedades humanas. Dos categorías importantes de gusanos (Phylum) son el Platyhelminthes y el Aschelminthes. El nombre común del filo Platyhelminthes es platelminto. Los platelmintos de vida libre de la clase Turbellaria están presentes en estanques y arroyos tranquilos en todo el mundo. La forma más común es la de los platelmintos. Dos clases de platelmintos están compuestos en su totalidad por formas parasitarias. Son la clase Trematoda, comúnmente conocida como chiripa, y la clase Cestoda, comúnmente conocida como tenias. Los miembros más importantes del filo Aschelminthes son los nematodos. Se han identificado alrededor de 10.000 especies de nematodos, y la lista sigue creciendo. La mayoría de los nematodos son de vida libre, pero son las formas parasitarias las que causan varias enfermedades humanas:

* *Las triquinas*, causan triquinosis

- *Necator*, causa anquilostoma
- *Ascaris*, causa una infestación común de gusanos redondos
- *Filiria*, causa filariasis: bloqueo de los nodos de la ninfa, causando daño permanente al tejido (por ejemplo, elefantitis).

5.7 Rotifers: Los rotíferos son de vida libre y con una variedad de formas diferentes. El nombre se deriva del aparente movimiento de rotación de los cilios situados en la cabeza de los organismos. Metabólicamente, los rotíferos pueden clasificarse como quimioheterótrofos aeróbicos. Las bacterias son la principal fuente de alimento de los rotíferos.

5.8 Crustáceos: Los crustáceos son quimioheterótrofos aeróbicos que se alimentan de bacterias y algas. Estos animales multicelulares de cáscara dura son una importante fuente de alimento para los peces.

6. La bioinformática en la microbiología:

El uso de la "bioinformática" en la creación de bases de datos mundiales en microbiología tiene por objeto determinar con precisión las tecnologías clave y los elementos básicos necesarios Uno de los principales objetivos de la bioinformática es racionalizar algunas de esas iniciativas pioneras y plasmar los diferentes conocimientos que han producido en un enfoque más integrador.

Con la rápida aparición de formatos de datos, las bases de datos, las aplicaciones y los servicios web en bioinformática son comúnmente aceptados y su aplicación se convierte en primordial para apoyar escenarios holísticos. La cuestión de la consulta de las bases de datos en entornos en que las fuentes de datos distribuidas tienen un esquema diferente se ha abordado ampliamente en la literatura, y se conoce como el problema de la integración de los esquemas. En los dos últimos decenios han surgido múltiples iniciativas de diseño de esquemas comunes para la normalización del intercambio de datos entre proveedores de datos microbianos distribuidos: La Red de Información Microbiana de Europa (MINE) y el Acceso Común a los Recursos e Información Biotecnológicos (CABRI) son esquemas normalizados diseñados específicamente para difundir información sobre microorganismos, mientras que el Servicio Mundial de Información sobre la Biodiversidad (GBIF) apoya tanto el Acceso a los Datos de Recopilación Biológica (ABCD) como el Núcleo Darwin como esquemas normalizados para abarcar toda la información sobre la biodiversidad completa de la Tierra.

No obstante, para que la integración de las bases de datos tenga éxito no sólo es necesario elaborar planes comunes que permitan buscar las diferentes fuentes de información desde un único punto de acceso lógico, sino que también se insta a que la información reunida se normalice y se corrija siempre que sea necesario. Las anotaciones de las bases de datos carecen del prestigio de los documentos publicados, ya que su valor es en gran medida ignorado por la métrica de las citas, y su mantenimiento se considera a menudo una tarea ingrata. Por consiguiente, la conservación de las bases de datos ha carecido del control de calidad típico de las buenas revistas. En lugar de esforzarse por lograr una única base física de conocimientos que contenga una gran cantidad de la información acumulada sobre la diversidad bacteriana, cabe prever que en el futuro panorama de la información microbiana se pueda ver un gran número de proveedores de información de alto valor añadido que evolucionen como superposiciones de vastos pero en gran medida automatizados archivos y bases de datos de conocimientos. Esta observación insta a la necesidad de establecer una sólida estrategia de división y conquista para la gestión de los proveedores de información microbiana distribuida. Esa estrategia de integración de datos holísticos es sensata, ya que reconoce el hecho de que el valor y la naturaleza de la información científica son heterogéneos.

Los usuarios más destacados están añadiendo valor como resultado del proceso de integración de los bienes comunes microbiológicos en el establecimiento de portales de información que unen sin problemas las piezas relacionadas del rompecabezas del conocimiento común. Como tales, son capaces de mejorar la navegación manual entre fuentes de información microbiana distribuidas y heterogéneas, la verificación cruzada y la fusión de la información difundida por diferentes proveedores de datos, la ejecución automatizada de consultas dinámicas distribuidas y la explotación de actividades de minería de datos en gran escala para el descubrimiento de nuevas pautas y principios en que se basan los procesos de diversificación bacteriana. Esta búsqueda requiere el diseño de estrategias de análisis de datos exploratorios objetivos con aplicaciones evidentes en la innovación biotecnológica. Se prevé que las personas y las ideas reunidas durante el taller puedan dar un nuevo impulso a alguna acción mundial en la integración de fuentes de datos microbianos, en lugar de limitarse a una mera ilusión. Para lograrlo se requerirán nuevas formas de colaboración entre microbiólogos, matemáticos, informáticos y otros interesados.La biodiversidad microbiana en la naturaleza comparte algunas de las propiedades de los bienes privados, ya que es un bien agotable, y algunas propiedades de los bienes públicos, ya que es efectivamente pública en su consumo o a menudo se mantiene en el acceso público a fin de asegurar su uso sostenible. Como tal, puede describirse apropiadamente como un recurso de reserva común (Polski, 2005). Sin embargo, la creciente importancia de la infraestructura digital en la exploración y explotación del patrimonio microbiológico común y la posibilidad conexa de hacer que el acceso a los datos sea más exclusivo, exige la creación de un segundo tipo de información microbiológica.

En el ámbito de la microbiología, existen iniciativas para compartir conocimientos a través de bases de datos, reuniendo conocimientos de diferentes campos, como en la red CABRI o el proyecto en curso de GBIF. Desde el punto de vista de la gobernanza, estas redes se enfrentan a la creciente presión del desarrollo de los mercados mundiales

En particular, nos basaremos en las ideas contemporáneas de las teorías de la gobernanza, que muestran la necesidad de desarrollar nuevas formas de acción colectiva para hacer frente tanto a las insuficiencias de las soluciones de mercado como a los límites de las nuevas formas de regulación, en el contexto de la construcción de un fondo común de investigación para los datos científicos (Reichman 2003; Hess y Ostrom 2003). Por ejemplo, en el ámbito de la comunicación digital, la creación de repositorios de impresión electrónica como arXiv.org y BioMed Central o la creación de repositorios digitales de confianza para conocimientos de interés general se basa en la coordinación entre grupos de estudiosos y especialistas en información para la creación de un fondo común de conocimientos. Base de datos internacional sobre secuencias de nucleótidos, accesible al público a través de la

- DDBJ (www.ddbj.nig.ac.jp/Welcome.html)
- EMBL (www.ebi.ac.uk/embl/index.html)
- Portales del Banco Gen (www.ncbi.nlm.nih.gov)
- http://www.belspo.be/bccm/
- www.cabri.org y www.gbif.org

7. Secuencias disponibles para bacterias, hongos y virus:

7.1 Bacterias: Un total de 1285 genomas microbianos completos se seleccionan en diferentes grupos de bacterias, *es decir,* cianobacterias, alfaproteobacterias, firmicutes, betaproteobacterias, actinobacterias, alfaproteobacterias, Gammaproteobacterias, Acidobacterias, Deltaproteobacterias, Cianobacterias, Acuíferas, Epsilonproteobacterias, Bacteroidetes /Clorobi, Espiroquetos,

Betaproteobacterias, Clamidias/Verrucomicrobia, etc. En Archaea 93 Completo Genomas microbianos completados en diferentes grupos como Crenarchaeota, Euryarchaeota, Nanoarchaeota y otros Achaea.

Enlace: http://www.ncbi.nlm.nih.gov/genomes/lproks.cgi

7.2 Hongos: Total 311 proyectos de secuenciación del genoma eucarionte seleccionados: Completo - 17, Ensamblado - 128, En progreso - 166. En subgrupos de hongos, a saber, Ascomicetos 224 Proyectos de Secuenciación del Genoma Eucarionte seleccionados: Completo - 14, Ensamblado - 104, En progreso - 106 y otro subgrupo Basidiomicetos 68 Proyectos de Secuenciación del Genoma Eucarionte Seleccionados: Completo - 1, Ensamblado - 16, En progreso - 51. 19 Proyectos de Secuenciación del Genoma Eucarionte Seleccionados de otro grupo de hongos: Completo - 2, Ensamblado - 8, En progreso - 9.

Enlace **para los hongos:** http://www.ncbi.nlm.nih.gov/genomes/leuks.cgi

7.3 Por el virus: Total de virus 2443 genomas completos disponibles como Deltavirus, Retrotranscripción , virus de ADN. **Enlaces:**

http://www.ncbi.nlm.nih.gov/genomes/GenomesGroup.cgi?taxid=10239&opt= Virus

8.   Aplicaciones de la bioinformática:

La bioinformática es un nuevo campo de la ciencia, pero está progresando en todos los campos. La bioinformática se une a la microbiología en muchas áreas, incluyendo la medicina, la salud pública, la agricultura y la biodiversidad. Como tiene su aplicación en la medicina al proporcionar la información del genoma de varios organismos, de manera similar el campo de la agricultura también ha aprovechado este campo porque los microorganismos juegan un papel importante en la agricultura y la bioinformática proporciona información genómica completa de estos organismos. La secuenciación del genoma de las plantas y los animales también ha proporcionado beneficios a la agricultura. Los instrumentos de la bioinformática están desempeñando un papel importante en el suministro de información sobre los genes presentes en el genoma de estas especies. Estas herramientas también han permitido predecir la función de diferentes genes y factores que afectan a estos genes. La información que proporcionan los instrumentos sobre los genes hace que los científicos produzcan especies mejoradas de plantas que tienen resistencia a la sequía, a los herbicidas y a los plaguicidas. Del mismo modo, se pueden modificar genes específicos para mejorar la producción de cultivos, carne y leche. La bioinformática se utiliza para averiguar las clasificaciones taxonómicas y evolutivas, la expresión de los genes; se pueden hacer ciertos cambios en su genoma para hacerlos resistentes a las enfermedades.Los microbiólogos están aplicando las herramientas de la genómica y las tecnologías de alto rendimiento conexas tanto a los microbios cultivados como a las muestras ambientales. Este trabajo conducirá a nuevos puntos de vista sobre los ecosistemas y la función biológica junto con la biotecnología que permite esta ciencia. El desarrollo de herramientas computacionales se alimenta de una diversidad de disciplinas, entre las que se incluyen las matemáticas, la estadística, la informática, la tecnología de la información y la biología molecular. El enfoque computacional del descubrimiento y diseño de agentes antimicrobianos abarca la genómica, la simulación y la dinámica molecular, el acoplamiento molecular, la predicción de clases estructurales y/o funcionales y las relaciones cuantitativas entre estructura y actividad, el desarrollo de métodos, instrumentos y bases de datos computacionales utilizados para organizar y extraer el significado biológico de la investigación antimicrobiana. Las bases de datos y los instrumentos bioinformáticos que contienen información genómica, proteómica y funcional se han vuelto indispensables para la investigación de los medicamentos antimicrobianos. La combinación de herramientas de quimioinformática, bioinformática y bases de datos relacionales proporciona medios para analizar, vincular y comparar los resultados de las búsquedas en línea (Hammami y Fliss, 2010)La utilización de la diversidad microbiana natural en la biotecnología se ve obstaculizada por nuestra incapacidad de cultivar la gran mayoría de los microorganismos y por la observación de que las bacterias creadas en laboratorio rara vez funcionan en estado salvaje. Con la ayuda de la bioinformática se requiere la comprensión de la estructura de la comunidad, la función y la evolución de las bacterias en sus entornos naturales para cumplir la promesa de la biotecnología microbiana. Cuando se produjeron los cambios evolutivos en las plantas, su genoma se mantuvo conservado y no proporcionó mucha información. Desde la llegada de los instrumentos bioinformáticos, es posible extraer la información necesaria del genoma de plantas específicas (Deutschbauer et al., 2006)El genoma de muchas especies de plantas de cultivo se ha cartografiado y está en curso. Los investigadores se interesaron en su genoma porque quieren comprobar los procesos de desarrollo de las plantas y el nivel de expresión de los genes con la ayuda de algún análisis estadístico. La comprensión de los genes y sus expresiones proporciona información sobre las proteínas de las plantas de cultivo y sus expresiones. Hay muchos usos para conocer el genoma de *plantas específicas,* pero el uso principal es que el rendimiento de las plantas puede ser aumentado. Cuando se realizan los cambios en el genoma de las plantas, el valor nutritivo de las plantas también aumenta. Por ejemplo, algunos genes se insertan en el genoma del arroz para aumentar el nivel de vitamina A en el cultivo. La vitamina A es un componente importante para los ojos y si la deficiencia de vitamina A se produce enel cuerpo, puede resultar en ceguera. Este trabajo ha permitido a los científicos reducir la tasa de ceguera en el mundo dando arroz genéticamente modificado a la gente.Muchas plantas se han hecho resistentes a los insectos incorporando los genes deseados. El *Bacillus thuringiensis* es una especie bacteriana que aumenta la fertilidad del suelo y protege las plantas contra las plagas. Cuando los investigadores trazaron el mapa de su genoma, utilizaron sus genes para incorporarlos a la planta y hacerla resistente a los insectos. Por ejemplo, el maíz, el algodón y las patatas se han hecho resistentes a los insectos hasta ahora. Al tener los genes de las bacterias en el genoma de las plantas, cuando los insectos se comen las plantas, las bacterias entran en su torrente sanguíneo y las hacen morir de hambre, en última instancia, mueren. El maíz Bt es una de las especies de plantas alimenticias que han sido modificadas insertando genes de bacterias en él. Es efectivo contra los insectos desarrollando resistencia contra ellos. El uso de los genes Bt en el genoma de las plantas ha hecho que los agricultores utilicen los insecticidas en muy poca cantidad. Como resultado, la productividad y el valor nutritivo de las plantas también aumentará y será beneficioso para la salud humana.Los científicos e investigadores descubren los genes de tolerancia a la sal y los aplican en suelos pobres. Se desarrollan algunas variedades de cereales que tienen la capacidad de crecer en suelos pobres y son resistentes a la sequía. Gracias a este método, también se pueden utilizar aquellas zonas que tienen menos fertilidad de suelo.

9. Conclusión:

La mayoría de las técnicas bioinformáticas dependen críticamente de los conocimientos derivados de los laboratorios húmedos y de los algoritmos y herramientas computacionales disponibles. La bioinformática ha ayudado tanto a la microbiología fundamental como a la biotecnología mediante el desarrollo de algoritmos, herramientas y descubrimientos que perfeccionan el modelo abstracto del funcionamiento de las células microbianas. La principal repercusión de la bioinformática ha sido la automatización de la secuenciación del genoma microbiano, el desarrollo de bases de datos integradas en Internet y el análisis de genomas para comprender el gen y la función del genoma. La búsqueda de bases de datos basada en BLAST, el algoritmo de alineación de pares de genes y sus variaciones se están utilizando ampliamente en la comparación de genes y genomas, y se han convertido en los primeros pasos para derivar la función del gen y la funcionalidad de los genomas. Se ha logrado un éxito significativo en el análisis comparativo de genomas para: i) identificar la función conservada dentro de una familia de genomas, ii) identificar genes específicos en un grupo de genomas, y iii) modelar estructuras tridimensionales de proteínas y acoplar compuestos bioquímicos y receptores. Estos **120**Los éxitos tienen un impacto directo en el desarrollo de agentes antimicrobianos, vacunas y el diseño racional de medicamentos. Al integrar el conocimiento de los ortólogos y las funciones genéticas, la agrupación de genes basada en la integración de la comparación de genomas por pares, y los grupos de genes cotranscritos, y la comparación basada en gráficos de los sustratos y productos catalizados por las enzimas, la reconstrucción de las vías metabólicas ha sido casi automatizada.

:

- Deutschbauer, A. M., Chivia, D. y Arkin, A. P. **2006**. Genomas para la microbiología ambiental. Current Opinion *in Biotechnology*, 17:229235
- Hess, C. y Ostrom, E., **2003**. Ideas, artefactos e instalaciones. La información como recurso de uso común. *El derecho y los problemas contemporáneos,* 66.
- Polski, M. **2005.** The Institutional Economics of Biodiversity, Biological Materials, and Bioprospecting. *Ecological Economics*, abril de 2005, de próxima publicación.
- Reichman, J.H., **1994**. Híbridos legales entre los paradigmas de la patente y el derecho de autor. *Columbia Law Review*, 94, 2432-2558.
- Hammami, R. y Fliss, I. **2010**. Tendencias actuales en la investigación de agentes antimicrobianos: enfoques quimio y bioinformáticos. *Drug Discovery Today.* 15(7) (13/14)

- Recursos y herramientas bioinformáticas para la investigación agrícola (Manual de capacitación), IASRI, Nueva Delhi, 24-29 de enero de 2011

- http://www.innovations-report.com/html/profiles/profile-1302.html

- http://www.ncbi.nlm.nih.gov/

Capítulo 6

Los protectores de plantas (extractos y polvos) como plaguicidas verdes:
potencial y limitaciones

Ravinder Singh

Instituto de Biotecnología y Ciencias Aliadas, carretera de Piprali Sikar, Rajastán

(India)

Correo electrónico: ravijeet_entomology@yahoomail.com

Resumen

En el presente estudio, los protectores de plantas autóctonas disponibles que se han sometido a prueba tienen el potencial de actuar como bioprotectores muy eficaces de las semillas de garbanzo, gramo verde y gandul en condiciones de almacenamiento contra *Callosobruchus maculatus*. Para reducir al mínimo los graves daños causados por las plagas de insectos, el uso de determinados productos vegetales tradicionales ha demostrado ser muy eficaz contra las plagas de insectos de los productos almacenados. *Callasobruchus maculatus* (Coleoptera: Bruchidae) es una plaga primaria de las legumbres y otras leguminosas en todo el mundo, tanto en el campo como en el almacenamiento. Se comparó con el control la posibilidad de controlar el caupí brúquido *Callosobruchus maculatus* con extractos de hojas y semillas y polvo de diez plantas (*Nerium indicum, Prosopis cineraria, Azadirachta indica, Eucalyptus globulus, Lycopersicum esculentum, Brassica compestris, Piper nigrum, Allium sativum, Ocimum sanctum y Ocimum sanctum*) que se utilizaron como bioplaguicidas y que fueron muy eficaces en la biología de C. *maculatus*. Todo el tratamiento registró un aumento de la incubación, del período laral y de la pupa, así como una reducción de la longevidad de los escarabajos adultos que el tratamiento de control y las diferencias fueron significativas (p<0,005). El polvo puede ser usado como un biopesticida efectivo.

1. Introducción

La importancia dietética de las legumbres es bien aceptada, ya que son una fuente muy nutritiva y rica en proteínas para millones de personas, especialmente en los países en desarrollo. Éstas desempeñan un papel importante en el crecimiento y el mantenimiento del organismo y ofrecen los medios más practicables para resolver el problema de la malnutrición en la India. El cultivo de legumbres también ayuda a mantener y restaurar la fertilidad del suelo. Es motivo de orgullo que la India encabece la lista de los países productores de legumbres del mundo, con unos 15,04 millones de toneladas de legumbres que se produjeron en 2004-05 (India, 2006) a pesar de que la productividad media es bastante baja. Casi el 8,5% de la producción total se pierde durante la manipulación y el almacenamiento posterior a la cosecha (Agarwal *et al.,* 1988). Sin embargo, el consumo per cápita de legumbres ha disminuido de 60 gm/cápita/día (1951-56) a menos de 40 gm/cápita/día, en contra de la recomendación de la FAO/OMS de 80 gm/cápita/día (Asthana y Chaturvedi, 1999), lo que es motivo de gran preocupación. El aumento de la producción y el almacenamiento adecuado de los pulsos son la clave para salvar la brecha. Las legumbres pertenecen a la subfamilia de las papilionáceas de la familia de las leguminosas que se cultivan en la India, como el garbanzo (*Cicer arietinum*), el gramo verde (*Vigna radiata)* y el guandú (*Cajanus cajan*). Se toman en forma hervida, germinada, frita, asada y cocida. También se utilizan en la preparación de varios bocadillos y recetas deliciosas.

El garbanzo (*Cicer arietinum*) también se conoce como gramo o gramo de Bengala. Entre las legumbres, ocupa el primer lugar en superficie y producción en nuestro país (Anónimo, 2004). Es uno de los principales cultivos de legumbres que se cultivan durante la temporada de rabia y la India es el mayor productor de esta legumbre, contribuyendo a alrededor del 63% de la producción total mundial (ICRISAT, 2007). La superficie total de cultivo de garbanzos es de unos 63,05 lakh hectáreas y la producción es de casi 50,82 lakh toneladas en la India (Anónimo, 2002). Gramo verde (*Vigna radiata*) también conocido como frijol mungo y gramo dorado. Es uno de los otros cultivos de legumbres tolerantes a la sequía más importantes que se cultivan en las regiones áridas y semiáridas de Rajastán y en las zonas noroccidentales de la India (zonas tropicales). La superficie total de cultivo de gramo verde es de unos 23 millones de hectáreas y la producción es de casi 15 millones de toneladas en la India (Asthana, 2000). En Rajastán la superficie total de cultivo de grama verde es de unas 672,63 mil hectáreas y la producción total es de 39.514 mil toneladas (Anónimo, 2000). El guandú (*Cajanus cajan*) también llamado "red gram" y el arhar es también uno de los cultivos de legumbres importantes en la India. Representa alrededor del 8,5% del suministro mundial de guandú. En la India, la superficie cultivada de gandules es de 30,20 lakh hectáreas con una producción estimada de 28,80 lakh toneladas. De la superficie total dedicada al cultivo de legumbres en la India, el gandul contribuye por sí solo alrededor del 14%. Rajastán contribuye con el 21,9% de la producción total del país (Anónimo, 1986).

A pesar de que la superficie de cultivo de legumbres es mayor, sus rendimientos en la India son muy bajos. Se atribuyen muchas razones a los bajos rendimientos, pero las más destacadas son el poco cuidado que se pone en proteger el cultivo de legumbres del ataque de las plagas, las trituradoras no científicas y el almacenamiento inadecuado. Después de la cosecha, las legumbres son más difíciles de almacenar que los cereales. Son más propensas a sufrir daños debido a las plagas de insectos, roedores, ácaros y microorganismos. Según la FAO, en la India se producen pérdidas del 8,9% en las legumbres durante la manipulación y el almacenamiento posteriores a la cosecha (Anónimo, 1978). Las legumbres sufren pérdidas tanto cuantitativas como cualitativas por el ataque de las plagas. Se han encontrado casi mil especies de insectos asociados con los productos almacenados y la mayoría de ellos pertenecen al orden de los coleópteros, que representan alrededor del 60% de las plagas. Entre ellas, los brúquidos son las más graves. Son plagas importantes de los cultivos de legumbres en Asia y África, tanto en condiciones de almacenamiento como en el campo. En la India se han registrado 117 especies de brúcidos pertenecientes a 11 géneros (Arora, 1977). El género *Callosobruchus* incluye varias especies de importancia económica que atacan a las legumbres en todo el mundo. Raina (1970) informó de cinco especies de *Callosobruchus* a saber, *C. maculatus*, C. *chinensis*, C. *analis*, C. *cajanis* y C. *theobromae* que se encuentran comúnmente en el noroeste de la India. *C. maculatus* es la especie predominante y se sabe que causa el mayor daño a los garbanzos, el gramo verde y el guandú. Se causan graves daños a los garbanzos, los guisantes verdes y los gandules durante los 3 ó 4 meses iniciales de almacenamiento. Yadav (1978) informó de que la infestación de *C. maculatus* (F.) causó una pérdida de 55,0 a 60,0% del peso de la semilla y una reducción de 44,5 a 66,3% de su contenido de proteínas. En caso de infestación grave, la plaga causa un daño del 1% (Pruthi y Singh, 1950). Las larvas de *Callosobruchus perforan el grano de pulpa* y destruyen completamente su endospermo, por lo que la semilla pierde su viabilidad y atractivo comercial. Para combatir la fuerte pérdida de granos de pulgón debido al escarabajo pulgón, es necesario conocer la historia de la vida, los hábitos y el hábitat de la plaga para comprender las condiciones favorables a la plaga y conocer los eslabones más débiles de su ciclo de vida que podrían aprovecharse en la gestión eficaz de la plaga.

2. Función de los plaguicidas en la agricultura

El crecimiento de la agricultura, basado en las economías del mundo, depende del suministro sostenido de semillas de calidad. Por lo tanto, se hace esencial proteger la semilla de las plagas de insectos durante el almacenamiento. En la India, el 7% de la producción total de plaguicidas se utiliza para controlar las plagas de las legumbres y las semillas oleaginosas. Un alarmante aumento del consumo de plaguicidas promueve las plagas, perjudica a otros organismos no objetivo, incluidos los enemigos naturales, y contamina los alimentos y los piensos (WCS, 1980). Generalmente los fumigantes y algunos venenos de contacto como los organoclorados y los organofosfatos se utilizan como medidas profilácticas y curativas contra las plagas de los granos almacenados. El uso de estos insecticidas, sin duda, ha proporcionado una protección considerable a los granos almacenados contra el ataque de las plagas pero, lamentablemente, el uso indiscriminado de estos plaguicidas ha dado lugar a la degradación del medio ambiente, la toxicidad residual, los efectos adversos para la salud humana y el desarrollo de variedades resistentes de plagas. Además, estas medidas conllevan un alto riesgo para la capacidad de germinación de la semilla y la reducción del rendimiento del cultivo, especialmente si el contenido de humedad de la semilla es elevado. Teniendo en cuenta todos estos efectos nocivos, es necesario reducir al mínimo el uso de plaguicidas en los granos almacenados. La Ley de Insecticidas de 1968 tampoco permite la mezcla de ningún insecticida con los granos alimenticios. Por lo tanto, es necesario encontrar algún método barato y no tóxico para el control de tales plagas. De ahí que la aplicación de productos químicos convencionales, incluidos los fumigantes, esté cediendo terreno a medidas más seguras como el uso de bioplaguicidas.

3. Los protectores de plantas como bioplaguicidas

Se considera que el uso de plaguicidas botánicos en la lucha contra las plagas de insectos es el enfoque más viable y seguro desde el punto de vista ambiental para contrarrestar el peligro cada vez mayor causado por los plaguicidas sintéticos (Ignacimuthu, 1998). Los materiales vegetales son los favoritos inevitables en virtud de su fácil disponibilidad como formas silvestres o de ser cultivados como cultivos de recursos. Aunque los aceites vegetales y los extractos de plantas se han utilizado en la India para la protección de los granos almacenados durante mucho tiempo, la investigación sistemática de la eficacia de los diferentes aceites vegetales y extractos de plantas sólo ha comenzado en los últimos años. La aplicación de productos de neem a los granos almacenados y otros productos básicos almacenados contra *C. maculatus* es una práctica antigua (Anónimo, 1986). Se están llevando a cabo amplios estudios en diversas partes del mundo sobre los plaguicidas de origen vegetal, lo que parece ser un enfoque más viable y ambientalmente seguro para combatir la amenaza cada vez mayor que representan los plaguicidas sintéticos para el hombre y su medio ambiente. Se ha informado de que varios polvos vegetales y sus extractos poseen una actividad insecticida, disuasiva de la oviposición y ovicida contra las brújulas (Pradhan *y otros,* 1962; Pandey *y otros,* 1986 y Anne Bright *y otros,* 2001). Además, el Centro de Investigaciones Atómicas de Bhaba, Trombay, ha desarrollado dos productos sintéticos, a saber, Allitin y Bit, que se afirma que son eficaces contra las plagas de almacenamiento. Los bioplaguicidas son fácilmente biodegradables y no tóxicos. Varios trabajos también han dilucidado que los plaguicidas obtenidos de los extractos de plantas no causan problemas como la bioacumulación y la biomagnificación y, por lo tanto, no perturban el equilibrio ecológico (Mehra e Hiradhas, 2000 y Rosaish, 2000).

Los insecticidas derivados de plantas son ciertamente capaces de sustituir en mayor medida a los insecticidas químicos en los sistemas agrícolas y agroforestales en pequeña escala; en la actualidad, se está estudiando su utilización para las plantaciones agrícolas y forestales en gran escala. Los insecticidas derivados de plantas contienen insecticidas naturales, disuasivos o repelentes que pertenecen a diversos grupos de sustancias químicas como los alcaloides, rotenoides y piretrinas.

El árbol de Neem *Azadirachta indica, perteneciente a* la familia de las Meliáceas, originaria del subcontinente indio, es un ejemplo bien conocido de una de las plantas con potencial para servir de antialimento contra insectos y plagas. Otros ejemplos son el *Detarium microcarpum, Sclerocarya birrea, Piper guineense* como protectores de las semillas de maíz (*Sitophilus zeamais*), el aceite de *Cassia nigricans* Vahl y la planta como protectores de los granos del gorgojo del trigo almacenado, *Tribolium casteneum*, además de contener compuestos biológicamente activos, que pueden servir como candidatos para nuevas formulaciones en el tratamiento y la prevención de enfermedades del ganado y la gestión de plagas (Ayo, 2010); *Lantana camara* como protectores del grano de las semillas de caupí *Caus maculates* (Schery, 1954; Champagne et al. , 1989). Aunque se dispone de esta información desde hace cientos de años, las investigaciones científicas para determinar las partes de las plantas y los árboles que tienen actividad tóxica contra los insectos o el modo de acción de las sustancias activas son limitadas.

Se sabe que numerosas plantas poseen algunas propiedades insecticidas y como tales se han utilizado en diferentes partes del país, dependiendo de la disponibilidad de tales materiales, para proteger los granos contra el daño infligido por diversas plagas de los granos almacenados. En los últimos años se han identificado varias plantas que pueden ser recursos seguros y renovables de bioinsecticidas (Dethier, 1947 y Bhargava y Meena, 2000).

4. Efecto de los protectores de plantas autóctonas en la biología de *Callasobruhus maculatus*

Se ha comprobado que los protectores de plantas afectan negativamente a los parámetros biológicos de las plagas de insectos. Howe y Currie (1964) y Raina (1970) informaron de la eclosión de los huevos en 4,2 días mientras que Sreenivasa (1983) registró un período de eclosión de 3,5 días. Prabhakar (1979) reportó un período de eclosión de 6,67 días a 7,53 días en el caso de *C. chinensis criada* en granos almacenados. Saxena y Singh (1994) y Singh y *otros* (1996), informaron de que el tratamiento de las semillas con aceites/extractos vegetales normalmente retrasaba el desarrollo de *R. dominica*. Análogamente, Singh y otros (1994) y Naik y Dumbre (1984), trabajando en diferentes especies de *Callosobruchus,* han constatado que el tratamiento de las semillas con diferentes protectores de plantas prolongaba el período de desarrollo de las plagas. Este aumento del período de desarrollo se debe ciertamente a la acción antialimentaria de los aceites vegetales usados. En el presente estudio se observaron el extracto de hoja de neem, el extracto de hoja de khejri, el polvo de hoja de tulsi, el extracto de hoja de kaner, el extracto de semilla de mostaza, el extracto de hoja de tomate, el extracto de hoja de safeda, el polvo de rizoma de cúrcuma, el polvo de pimienta negra y el polvo de diente de ajo se probaron en tres niveles de dosis, a saber.., 0,5 ml o gm/100gm, 0,75 ml o gm/100gm y 1,0 ml o 1,0 gm/100gm de garbanzo, así como de guisante verde y guandú para evaluar su efecto en la biología de *C. maculatus, y se descubrió que todos ellos aumentaban* significativamente el período de incubación en el garbanzo, así como en el guisante verde y el guandú, en comparación con el control.

Saxena y Singh (1994), que informaron de que la duración del período larvario se prolongaba cuando las larvas se alimentaban de granos tratados con granos de neem y polvos de dharak.

Análogamente, Jhansi Rani (1984) y Khan y Thakare (1997) informaron de que el período larvario de las larvas de *Corcyra* de una semana de edad mejoraba cuando se alimentaban de granos tratados con un 1,0% de polvo de semilla de neem. Una observación similar de la prolongación del período larvario también ha sido registrada por Ivbijaro (1993). Pandey *y otros* (1985) observaron un aumento de la duración de las larvas de Corcyra *cephalonica* en las semillas de trigo tratadas con neem. Se puede desear la extensión del período larval ya que conduciría a la reducción del número de generaciones y a la consiguiente disminución de la población en los granos tratados. Singh *y otros* (1994) en *C. chinensis* han encontrado un período de desarrollo prolongado de la plaga después del tratamiento de las semillas con diferentes productos vegetales. Las larvas se alimentaron lentamente de los granos tratados y, por consiguiente, el período larvario fue prolongado. La respuesta de los productos vegetales a la alimentación fue también notificada por Ambika Devi y Mohandas (1982) y Tiwari (1994) contra las especies de *Callosobruchus*.

Todas las conclusiones anteriores relativas al período larvario están de acuerdo con las presentes conclusiones. En las semillas no tratadas el período de pupación completó su desarrollo en 4 a 18 días con un promedio de 8,64 días. Estas observaciones están respaldadas por Rajak y Pandey (1965). Borikar y Pawar (1994) informaron del período combinado de larvas y pupas de 35,10 días en el caso de *C. chinensis* en gandules en condiciones de campo. La presente observación fue el período pupal máximo observado en granos tratados con extracto de hoja de neem seguido de extracto de hoja de khejri, polvo de hoja de tulsi, extracto de hoja de kaner, extracto de hoja de tomate, extracto de semilla de mostaza, polvo de rizoma de cúrcuma, polvo de pimienta negra, polvo de diente de ajo y extracto de hoja de safeda. Falta información específica sobre este aspecto, ya que no se han registrado observaciones de trabajadores anteriores sobre el período pupal en granos tratados con biopesticidas en *C. maculatus*.

Saxena y Singh (1994) que encontraron una reducción significativa en la longevidad de los adultos de esta plaga con la torta de neem, el aceite de mostaza, la torta de ricino y los granos de dharak. De manera similar, también se ha informado de una reducción de la longevidad de los adultos mediante el tratamiento con aceite de mostaza, aceite de ricino, cacahuete, sésamo y aceites de flores de sol en *C. chinensis* por Bhargava y Meena (2000). La reducción de la longevidad de los escarabajos *C. chinensis* con el tratamiento con aceite de palma fue comunicada por Uvah e Ishaya (1992). Jilani (1984) ha informado de que el fracaso de la aparición de adultos de *C. analis* en los granos probados con bandera dulce apoya los presentes hallazgos.

En el presente estudio se observó la máxima reducción de la longevidad de los adultos de ambos sexos en los granos tratados con extracto de hoja de neem seguido de extracto de hoja de khejri,

polvo de hoja de tulsi, extracto de hoja de kaner, extracto de hoja de tomate, extracto de semilla de mostaza, polvo de rizoma de cúrcuma, polvo de pimienta negra, polvo de diente de ajo y extracto de hoja de safeda.

5. Ventajas del uso de protectores de plantas como biopesticidas

La biopestia se ha definido como la gestión integrada de plagas (MIP) es un enfoque integrado de la gestión de los cultivos para resolver los problemas ecológicos cuando se aplica en la agricultura.

- Una de las principales ventajas de los bioplaguicidas es que son menos tóxicos y causan menos daño que los plaguicidas sintéticos o químicos.
- Los bioplaguicidas sólo se dirigen a insectos y plagas específicas, no afectarán a otros insectos o animales. También pueden ser más seguros para los seres humanos y el medio ambiente.
- El uso de pequeñas cantidades de plaguicidas biológicos puede ser muy eficaz y causar pocos problemas de residuos. Sin embargo, para el uso eficaz de los plaguicidas biológicos es importante tener amplios conocimientos sobre la gestión de plagas.
- Puede ser un componente importante de los programas de manejo integrado de plagas (MIP).
- La principal ventaja de los productos vegetales como protectores de las semillas es que pueden ser producidos fácilmente y a bajo costo por los agricultores y la industria en pequeña escala en forma cruda o pura.

6. Perspectivas futuras

Las plantas son tradicionalmente consideradas muy beneficiosas y amistosas por la gente. Sin embargo, en los últimos tiempos su valiosa calidad es ampliamente aceptada en todo el mundo. Las plantas juegan un papel importante para salvar el medio ambiente de la contaminación y son cruciales para mantener el funcionamiento saludable de los cultivos.

Hay alrededor de muchos tipos de extractos derivados de las plantas que se utilizan para la protección de las plagas almacenadas. En una investigación se ha descubierto que pueden ser plagas fácilmente disponibles y almacenadas a bajo costo y que casi no causan efectos secundarios en comparación con otros plaguicidas.

- Mejorar la calidad de vida de los agricultores y de la sociedad en su conjunto.

- Hacer el uso más eficiente de los recursos no renovables y de los recursos de las explotaciones agrícolas e integrar, cuando proceda, los ciclos biológicos naturales y los controles.

- Mantener la viabilidad económica de las operaciones agrícolas.

- Las generaciones futuras utilizarán los bioplaguicidas en gran escala reduciendo la dependencia de los plaguicidas sintéticos como se visualiza en la estrategia de manejo integrado de plagas.

7. Conclusión

Hay dos aspectos de los problemas económicos causados por los insectos. Uno se refiere a la pérdida de producción que resulta de los daños a los cultivos y a la salud de los animales humanos y domésticos, el otro se refiere al costo de tratar de prevenir o controlar esas pérdidas de producción, pero los plaguicidas químicos utilizados para controlarlos han creado graves problemas ecológicos. El establecimiento de normas de calidad para los productos de neem implica numerosas cuestiones prácticas, científicas y jurídicas entrelazadas. Ha habido una falta de investigación coordinada dirigida al desarrollo y validación de bioensayos de neem mediante la demostración de la correlación entre la eficacia *in vitro* y la de los pesticidas de campo. Las infraestructuras como el laboratorio de investigación especializado y las instalaciones de almacenamiento de las materias primas y productos del neem son inadecuadas. Así pues, ha sido muy difícil analizar la calidad y la cantidad de los ingredientes activos del neem local o aumentar la vida útil de la potencia del plaguicida de neem. Se carece de una fórmula estándar de la técnica de extracción de los productos pesticidas de neem en bruto, semipurificados o purificados, pero debería originarse e introducirse para producir un pesticida botánico más consistente en el área bajo revisión. Es imperativo identificar adecuadamente los productos de neem utilizados como biopesticidas. Esto requiere el uso de métodos validados que discriminen de forma fiable la presencia de sustitutos, contaminantes o adulterantes. Los materiales de referencia o las normas autenticadas son un requisito previo esencial para cualquier tipo de evaluación científica de los plaguicidas botánicos a fin de obtener pruebas precisas de identidad y pureza. Sin embargo, los posibles problemas en la selección y utilización de normas que podrían ser un ingrediente activo natural o un prototipo sintético son la inestabilidad, los requisitos especiales de manipulación o almacenamiento y su vida útil. La economía puede ser un factor importante, ya que el costo de estas normas suele ser prohibitivo para los análisis de rutina.

Referencias

- Agarwal, A., Lal, S. y Gupta, K.C. 1988. Productos naturales como protectores de los pulsos contra los escarabajos de pulso. *Toro. Grain Tech.*, 26(2): 154-164.
- Ambika Devi, D. y Mohandas, N. 1982. Relative efficacy of some antifeedants and deterrents against insect pests of stored paddy. *Entomon. ,* 7 : 261-264.
- Anne Bright, A., Babu, A. Ignacimuthu, S. y Dorn, S. 2001. Efficacy of *Andrographis paniculata* Nees. on *Callosobruchus chinensis* (L.) during post harvest storage of cowpea. *India J. Exp. Biol.*, 39 : 715-718.
- Anónimo, 1978. Pérdidas de alimentos después de la cosecha en los países en desarrollo. *Natn. Acad. Sci.*, Washington, D.C., pág. 220.
- Anónimo, 1986. Estimaciones de área y producción de turba por distrito 1984-85 (Final). *Agrícola. Situ India*, 46(6) : 500-503.
- Anónimo, 2000. FAO Anuario de producción 54, 2000. *Fd Agric Orgn. Unit. Nations*, Roma, pág. 113.
- Anónimo, 2002. Vital Agriculture Statistics, Directorate of Agriculture, Rajasthan, Jaipur (Statistical cell), pp. 12 : 70-73.
- Anónimo, 2004. *Statistical Abstracts of Haryana.* 2002-2003. Organización Económica y Estadística, Departamento de Planificación, Gobierno de Haryana, págs. 239.
- Arora, G.L. 1977. Taxonomía de los Bruchidae del noroeste de la India parte I-Adulto. Suplemento de *Insectos Orientales*, 7: págs. 1-132.
- Asthana, A.M. y Chaturvedi, S.K. 1999. Pulsaciones : Se necesita un pequeño impulso. *The Hindu Survey of Indian Agriculture*, págs. 61 a 67.
- Asthana, A.N. 2000. Pulsaciones - ahora en la luz de la cal. *The Hindu Survey of Indian Agriculture*, págs. 57 a 60.
- Ayo, R.G. 2010. Componentes fitoquímicos y bioactividades de los extractos de

Cassia nigricans Vahl: Una revisión. *J. Med. Plant Res.* 4(14):1339-1348.

- Bhargava, M.C. y Meena, H.M. 2000. Eficacia de algunos aceites vegetales contra el escarabajo de pulso, *Callosobruchus chinensis* (L.) en el caupí [*Vigna unguiculata* (L.)]. Congreso de *Entomo* 2000, Trivandrum Abst., pág. 49.

- Borikar, P.S. y Pawar, V.M. 1994. Desarrollo de *Callosobruchus chinensis* (L.) en el guandú en condiciones de campo. *Toro. Grano. Tech.*, 32(2) : 185-188.

- Champagne, D.E., Isman, M.B. y Torres, G.H.N. 1989. "Actividad insecticida de fitoquímicos y extractos de las Meliaceae". *Am. Chem. Soc. Symp. Ser.*, 387: 95-109.

- Dethier, V.G. 1947. Atrayentes y repelentes químicos de insectos. Levis and Co. Londres.

- Howe, R.B. y Currie, J.C. 1964. Algunas observaciones de laboratorio sobre las tasas de desarrollo, mortalidad y oviposición de varias especies de brúcidos que se reproducen en legumbres almacenadas. *Toro. Grano. Res.*, 55 : 437-477.

- ICRISAT 2007. Garbanzo (Internet). Instituto Internacional de Investigación de Cultivos para las Zonas Tropicales Semiáridas. Se puede consultar en www.icrisat.org.

- Ignacimuthu, S. 1998. Biopesticidas y manejo de plagas de insectos. *J. Sci. Ind. Res.* 57 : 337.

- India 2006. División de Publicaciones, Ministerio de Información y Radiodifusión, Gobierno de la India, Soochna Bhawan, CGO complex, Lodhi Road, Nueva Delhi 110003. p. 77.

- Ivbijaro, M.F. 1983. Preservación del caupí, *Vigna unguiculata* con la semilla de neem, *Azadirachta indica* A.Juss. *Prot. Ecol.*, 5 : 177-182.

- Jain, K.L. y Kumar, V. 2001. Eficacia del neem contra la polilla del arroz, *Corcyra cephalonica* (Stainton). Conferencia Nacional: Protección Vegetal - Nuevos Horizontes en el Milenio, Udaipur, Abst., pág. 50.

- Jhansi Rani, B. 1984. Estudios sobre la eficacia biológica del núcleo de neem desaceitado (*Azadirachta indica* A. Juss.) contra las plagas de los granos almacenados que infestan las semillas de trigo. *Indian J. Ent.*, 27 : 160-164.

- Jilani, G. 1984. Use of botanicals for protection of stored food grains against insect plats - A review work done at grain storage research laboratory. P.A.R.C. Karachi, Pakistán. pág. 30.

- Khan, M.I. y Thakare, H.S. 1997. Effect of selected plant products and entomopathogenic bacteria on development and control of rice moth, *Corcyra cephalonica* (Stainton). Integrated Pest Management in Agriculture (eds) G.M. Bharad, R.S. Bonde, S.A. Nimbalkar y S.V. Sarode, págs. 291 a 303.

- Mehra, B.K. y Hiradhas, P.K. 2000. Efecto del extracto de acetona cruda de las semillas de *Anona squamosa* Linn. (Familia: Annonaceae) sobre el posible potencial de control contra las larvas de *Culex quinquefasciatus*. *J. Ent. Res.* 24(2) : 141146.

- Naik, R.L. y Dumbre, R.B. 1984. Efecto de algunos aceites vegetales utilizados en la protección del caupí almacenado en la biología del escarabajo de pulso, *Callosobruchus maculatus* (F.) (Coleópteros : Bruchidae). *Toro. Grano. Tech.*, 22(1) : 25-32.

- Pandey, N.D., Mathur, K.K., Pandey, S. y Tripathi, R.A. 1986. Efecto de algunos extractos de plantas contra, *Callosobruchus chinensis*. *Indian J. Ent.*, 48 : 85-90.

- Pandey, N.D., Pal, K., Pandey, S.; Tripathi, R.A. y Singh, Y.P. 1985. Uso de neem, *Azadirachta indica* A. Juss. como protector de la semilla contra la polilla del arroz, *Corcyra cephalonica* (Stainton). I. Efecto sobre la fecundidad, la fertilidad y la longevidad de los adultos. *Toro. Grain Tech.*, 23 : 147-153.

- Prabhakar, G.S. 1979. Estudios sobre la fauna brújida, que infesta los cultivos de leguminosas de Karnataka con especial énfasis en la bioecología de *Callosobruchus chinensis* (L.) (Coleópteros : Bruchidae). Tesis presentada a la Universidad de Ciencias Agrícolas de Bangalore, pág. 147.

- Pradhan, S., Jotwani, M.G. y Rai, B.K. 1962. Semillas de neem disuasivas para la langosta, *Indian Fmg.* , 12 : 7-11.

- Pruthi, H.S. y Singh, M., 1950. Plagas de los granos almacenados. icar *Misc. Bull.*, 57: 1-5.

- Raina, alias 1970. *Callosobruchus* spp. *infestando legumbres* almacenadas (leguminosas de grano) en la India y estudio comparativo de su biología. *India J. Ent.*, 32(4) : 303-310.

- Rajak, R.L. y Pandey, N.D. 1965. Un estudio de la historia de la vida del escarabajo de pulso, *Callosobruchus chinensis* (L.) (Coleópteros: Bruchidae). *Labdev. J. Sci. Tech.*, 3 : 119-123.

- Rosaish, B. 2000. Evaluación de diferentes botánicos contra el complejo de plagas de Brinjal. *Pestology*, XXV(4) : 14-16.

- Schery, R.W. 1954. Plantas para el hombre. Publicación. George Allen and Unwin

Ltd., Londres, p. 564.

- Saxena, A. y Singh, Y.P. 1994. Efecto de algunos productos vegetales como protectores contra el *Rhizopertha dominica* Fabr. en los granos de trigo. *Bull. Grano. Tech.*, 32 : 117-121.

- Singh, H., Mrig, K.K. y Mahla, J.C. 1996. Efficacy of different plant products on the fecundity and emergence of lesser grain borer, *Rhizopertha dominica* (F.). in wheat grains. *Ann. Biol.*, 12 : 96-98.

- Singh, V. N., Pandey, N. D. y Singh, Y. P. 1994. Effectiveness of vegetable oils on development of *Callosobruchus chinensis* (L.) infesting stored gram. *Indian J. Ent.*, **56**(3) : 216 - 219.

- Sreenivasa, N., 1983. Estudios sobre la historia de la vida del escarabajo de pulso. *Callosobruchus chinensis* y *Callosobruchus analis*. (Coleópteros : Bruchidae) la pérdida causada por ellos y su control. Tesis resumida en la Universidad, Agric. Sci., Bangalore. pp. 118.

- Tiwari, S.N. 1994. Eficacia de algunos productos vegetales como protectores de los granos contra la *Rhizopertha dominica* (F.) (Coleópteros: Bostrychidae). *International Journal of Pest Management*, 40 : 94-97.

- Uvah, I.I. e Ishaya, A.T. 1992. Effect of some vegetable oils on emergence, oviposition and longevity of the bean weevil, *Callosobruchus maculatus* (F.). *Trop. Pest Mgt.*, 38 : 257-260.

- Uvah, I.I. e Ishaya, A.T. 1992. Effect of some vegetable oils on emergence, oviposition and longevity of the bean weevil, *Callosobruchus maculatus* (F.). *Trop. Pest Mgt.*, 38 : 257-260.

- WCS, 1980. Estrategia mundial de conservación. Unión Internacional para la Conservación de la Naturaleza y de los Recursos Naturales. págs. 120.

- Yadav, T.D. y Pant, N.C. 1978. Developmental response of *Callosobruchus maculatus* (F.) and *C. chinensis* (L.) on different pulses. *Indian J. Ent.*, 40(1) : 7-15.

Capítulo 7

El sistema de glucosinolato de mirosinas: Una visión general

Ajeet Kumar Rai, Jagdish Singh y *Omprakash*

Instituto Indio de Investigaciones Hortícolas, P.B.No.01, Jakhini (Shahanshahpur),

Varanasi-221305, India

* Departamento de Bioquímica, Facultad de Ciencias, Universidad Hindú de Banaras,

Varanasi-221005, India

Correo electrónico: ajeetiivr@gmail.com

Resumen

El sistema de glucosinolato de mirosinasa participa en una serie de actividades biológicas que afectan a los insectos herbívoros, los vegetales y los hongos. Los glucosinolatos son un gran grupo de glucósidos que contienen azufre y que se encuentran en los vegetales de latón. Tras el daño físico del tejido vegetal, los glucosinolatos son descompuestos por la enzima endógena mirosinasa, que libera glucosa y una compleja variedad de productos biológicamente activos. Los productos son generalmente un tiocianato, un isotiocito o un nitrilo, dependiendo de factores como el sustrato, el pH o la disponibilidad de iones ferrosos. Los isotiocinatos son potentes inductores de las enzimas de fase II *in vitro* y se ha demostrado que aumentan el metabolismo y la desintoxicación de la carcinogénesis química *in* vitro y en modelos animales. Algunos de estos compuestos también inhiben la mitosis y estimulan la apoptosis en las células tumorales humanas, *in vitro* e *in vivo*. En esta revisión resumimos los resultados anteriores y discutimos la organización y la bioquímica del sistema de glucosinolte de las mirosinas.

Palabras clave: Mirosinasa, enzima, productos biológicamente activos, mitosis, apoptosis

1. Introducción

Se conocen más de 100.000 mil metabolitos secundarios de plantas, y se estima que esto es sólo un 10% de la diversidad total. Aunque la función de muchos de estos compuestos está por verse, varios grupos grandes, como los glucósidos iridoides, cardenólidos, terpenoides y glucósidos cianogénicos, han sido implicados en los sistemas de defensa de las plantas. Se cree que los glucosinolatos que se encuentran en el orden Capparales (y algunas otras familias) cumplen esta función defensiva. Debido a la presencia de estos compuestos en las Brassicaceae, una familia que contiene numerosos cultivos agrícolas, como la colza, el brócoli, la coliflor, el repollo, los rábanos y la mostaza, sin mencionar un organismo modelo, *Arabidopsis thaliana, del* que se conoce toda la secuencia del genoma, el sistema de glucosinolatos de mirosinas es uno de los sistemas de defensa de las plantas más intensamente estudiados. Como tal, los esfuerzos en la mejora de los cultivos por razones nutricionales y de resistencia a las plagas han dado lugar a un gran conocimiento sobre la diversidad, la biosíntesis y la bioactividad de los glucosinolatos. En esta revisión discutiré la organización de este sistema, el conocimiento actual sobre los glucosinolatos y las mirosinasas, y los efectos de este sistema con respecto a la herbivoría.

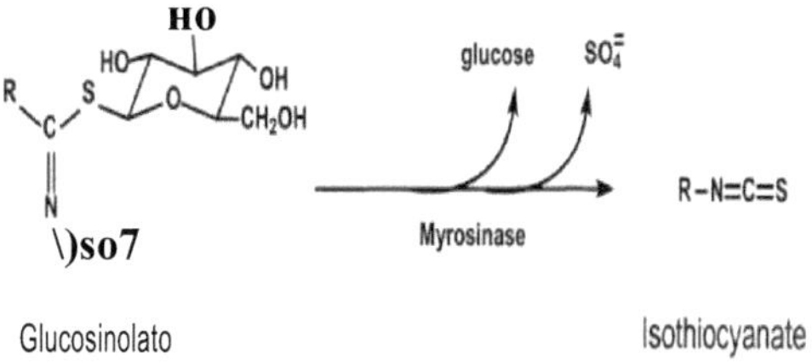

Myrosinase y glucosino

Los tardíos fueron descubiertos por primera vez en las semillas de mostaza por Bussy (1840). Las mirosinasas siempre parecen ir acompañadas de uno o más glucosinolatos. Están presentes en todas las especies de Brassicaceae (Cruciferae) examinadas y también se han encontrado en Akaniaceae, Bataceae, Bretschneideraceae, Capparaceae, Caricaceae, Drypetes (Euphorbiaceae), Gyrostemonaceae, Limnanthaceae, Moringaceae, Pentadiplantdraceae, Resedaceae, Salvodoraceae, Tovariaceae, Tropaeolaceae (Rodman, 1991). También se han encontrado enzimas con actividad de mirosinasa en los hongos *Aspergillus sydowi* (Reese *y otros, 1958;* Ohtsuru *y otros,* 1969) y *Aspergillus niger* (Ohtsuru *y otros,* 1973), en las bacterias intestinales *Enterobacter cloacae* (Tani *y otros,* 1973). 1974) y *Paracolobactrum aerogenoides* (Oginsky *y otros,* 1965), en los tejidos de los mamíferos (Goodman *y otros,* 1959) y en los áfidos crucíferos *Brevicoryne brassicae* y *Lipaphis erisimi* (MacGibbon y Beuzenberg, 1978). Estas mirosinasas de áfidos hidrolizan *in vitro el* glucosinolato de 2-hidroxi-2-feniletilo y exhiben movilidades electroforéticas distintas de las de las isoenzimas aisladas de sus plantas huéspedes. Este comportamiento bioquímico distintivo no excluye la posibilidad de que las mirosinasas se modifiquen a partir de las enzimas adquiridas de la planta huésped, en contraste con la síntesis *de novo* que interviene en las mirosinasas endógenas en hongos y bacterias. Sin embargo, en trabajos recientes se ha demostrado que los anticuerpos que se elevan a la mirosinasa vegetal no reaccionan de forma cruzada con la mirosinasa áfida parcialmente purificada, lo que indica que la proteína no se deriva de la planta huésped.

Los glucosinolatos son glicósidos que contienen azufre y que se han detectado en cantidades variables en todas las especies de brassiáceas que se han analizado hasta ahora.

Los glucosinolatos son hidrolizados por la mirosinasa (ʙ-thioglucoside glucohydrolase:EC 3.2.3.147 que se encuentra en las brassiaceae y en otras 14 familias de plantas y en la microflora del colon en isotiocianatos, tiocianatos, sulfato, glucosa, nitrilo, epitioalcanos o azufre elemental dependiendo del pH, iones metálicos, proteínas epithiospecificadoras y otros cofactores.

Se ha detectado actividad de la mirosinasa en todas las plantas y tejidos que contienen glucosinolato que han sido investigados, y es probable que las mirosinasas estén presentes en todas las plantas que producen glucosinolatos (Kjaer, 1976). Varios autores han informado de la separación de varias isoenzimas de mirosinasa mediante electroforesis analítica en gel (MacGibbon y Allison, 1970; Hendersen y McEwen, 1972; Buchwaldt y *otros*, 1986). Más recientemente, se separaron dos mirosinasas distintas (una de ellas estaba considerablemente menos glicosilada) de las plántulas de *Brassica napus* (James y Rossiter, 1991). En este estudio se sabe muy poco sobre la especificidad del sustrato de las isoenzimas mirosinasas. Sin embargo, se demostró que estas dos isoenzimas de mirosinasa de *B. napus degradan* diferentes glucosinolatos a diferentes velocidades. No menos que ambos glucosinolatos alifáticos degradados a tasas más altas que los glucosinolatos indólicos. Hay algunas pruebas de que las mirosinasas pueden aceptar una amplia gama de sustratos (Bjorkman y Janson, 1972).

Los informes más extensos de aislamiento y caracterización físico-químico de la mirosinasa corresponden a tres especies de crucíferas: *Lepidium sativum, Sinapis alba* y *Brassica napus* (Bones y Rossiter, 1996). También se han generado dibujos esquemáticos tridimensionales de subunidades de mirosinasa (Rask *et al.*, 2000) basados en la estructura cristalina comunicada por Burmeister *et al.* (1997). Muestran la estructura de barril común a otras glucosidasas. Curiosamente, la estructura general es muy similar a la del glucósido cianógeno linamarasa, aunque la identidad de la secuencia es sólo del 46% (Rask *et al.*, 2000).

2. Revisión de la literatura

La mirosinasa (tioglucósido glucohidrolasa, EC 3,2,3,147) cataliza la ruptura del enlace S-glucosa en una variedad de glucósidos aniónicos 1-tio-e-D de la planta llamados glucosinolatos a través de una reacción catalizada por ácido/base con la liberación de aglicona y la formación de la enzima glicosil intermedia. Las mirosinasas son glicopolíptidos que contienen varios grupos tioles, disulfuro y puentes salinos y, según la fuente, tienen múltiples formas con diferentes pesos moleculares (135-480 kDa), número de subunidades (2-12) y un alto porcentaje de carbohidratos hasta el 22,5%), principalmente hexosas. La principal isozima de mirosinasa aislada de las semillas maduras de *Sinapis alba, la fuente* típica de esta enzima, consta de dos subunidades idénticas con un peso molecular de 71,7 kDa , que contienen 499 residuos, estabilizados por un ión $Zn2+$ unido en un eje doble, con coordinación tetraédrica. Esta isoenzima de mirosinasa tiene tres puentes de disulfuro por subunidad y 21 residuos de carbohidratos distribuidos en 10 sitios de glicosilación en la superficie. Las mirosinasas son enzimas típicas de la familia de las brasicáceas que también contienen sus sustratos, los glucosinolatos, en concentraciones y sitios variables según los órganos y tejidos de la planta.

El sistema defensivo de la glucosinolato-mirosinasa está empaquetado en la planta de una manera única. Las enzimas degradativas, mirosinasas, que catalizan la hidrólisis de las moléculas de glucosinolato, se almacenan en gran medida dentro de los granos de mirosina en las células de mirosina, pero también se ha informado de ellas en cuerpos de proteínas/vacuolas, y como enzimas citosólicas que tienden a unirse a las membranas (Luthy y Matile, 1984). Los glucosinolatos se han localizado en vacuolas de células no específicas (Grob y Matile, 1979). Cuando se produce un daño tisular, debido a un daño herbívoro, mecánico o a un ataque patógeno, el mecanismo que aísla los dos compuestos se rompe. Esto da lugar a la hidrolización de la mirosinasa del sustrato de glucosinolato disponible a los diversos aceites de mostaza con diversas propiedades bioactivas. Este arreglo se conoce como "la bomba de mirosinasa y glucosinolato". Se cree que muchos de los productos de degradación son activos contra herbívoros, hongos, patógenos virales y bacterianos, nematodos e incluso otras plantas. Además, los sabores distintivos de los miembros de la familia de las Brassicaceae, como en las mostazas y los rábanos picantes, se deben a los tipos y cantidades de productos de glucosinolato hidrolizado que se liberan.

Varios autores han informado de la separación de varias isoenzimas de mirosinasa mediante electroforesis analítica en gel (MacGibbon y Allison, 1970, Hendersen y McEwen, 1972, Buchwaldt y *otros*, 1986). Más recientemente, se separaron dos mirosinasas distintas (una de ellas estaba considerablemente menos glicosilada) de las plántulas de *Brassica napus* (James y Rossiter, 1991). En este estudio se sabe muy poco sobre la especificidad del sustrato de las isoenzimas mirosinasas. Sin embargo, se demostró que estas dos isoenzimas de mirosinasa de *B. napus degradan* diferentes glucosinolatos a diferentes velocidades. No menos que ambos glucosinolatos alifáticos degradados a tasas más altas que los glucosinolatos indólicos. Hay algunas pruebas de que las mirosinasas pueden aceptar una amplia gama de sustratos (Bjorkman y Janson 1972).

Actualmente hay al menos tres subfamilias de genes de mirosinasa en las Brassicaceae. La organización exón/intrón de todos los genes de la mirosinasa funcional se conserva con 12 exones separados por 11 intrones, y se observó cierto grado de conservación de exones cuando se comparó con los genes de la O-glicosidasa (Rask *et al.*2000). Las tres subfamilias de genes de la mirosinasa se han estudiado en *Brassica napus, S. alba* y *A. thaliana*. Las subfamilias se denominan MA (o Myr1), MB (o Myr2) y MC. Mientras que se ha informado que *S. alba* sólo expresa genes en las subfamilias MA y MB, se ha demostrado que *B. napus* y *A. thaliana expresan* los tres. Se han encontrado cambios regulados por el desarrollo en los patrones de expresión de las isoenzimas mirosinasas específicas de los órganos (Lenman *et al.* , 1993). Aun así, el hecho de que no se haya detectado la expresión de ninguna de las tres subfamilias de genes de la mirosinasa en el sistema de raíces de *B. napus* podría indicar la existencia de otra subfamilia más, ya que se sabe que los glucosinolatos y las mirosinasas están presentes en las raíces. En *B. napus* el número de genes que se encuentran pertenecientes a cada subfamilia es el siguiente: 5 en MA, 1015 en MB y 5 en MC. Las masas moleculares de las mirosinasas de cada subfamilia son 75kDa, 65kDa y 70kDa, respectivamente, del orden anterior. Se cree que esta variación se debe a la variación en la glicosilación, ya que las mociones de las proteínas son todas similares (59kDa) (Lenman *et al.*, 1993; Falk *et al.* , 1995). Todas las mirosinasas de plantas caracterizadas están glicosiladas en cierta medida. Las cadenas laterales totales de carbohidratos suelen representar entre el 10 y el 20% de la masa molecular total de la subunidad. Los carbohidratos consisten principalmente en fructosa, manosa y N-acetilglucosamina.

Las isoenzimas de mirosinasa de origen vegetal muestran una diversidad sustancial de características fisicoquímicas. Se ha informado de que todas las mirosinasas aisladas y purificadas hasta ahora son glicoproteínas. El contenido de carbohidratos varía entre el 9 y el 23% de la masa molecular total. James y Rossiter (1991) informaron de que han purificado una mirosinasa a partir de plántulas de *Brassica napus* de 5 días de edad con bajos niveles de glicosilación. La masa molecular de las mirosinasas purificadas normalmente varía entre 125 kDa y más de 150 kDa. Una excepción es la mirosinasa de *Wasabia japonica* que, según se ha informado, tiene una masa molecular de 580 kDa (Ohtsuru y Kawatani, 1979). Los puntos isoeléctricos varían entre 4,6 y 6,2 (Bjorkman, 1976).

En varios informes se ha descrito el aislamiento y la caracterización de las mirosinas de la
mostaza
blanca (Bjorkman y Janson, 1972, Bjorkman y Lonnerdal, 1973,
Buchwaldt y *otros, 1986*) y de la colza (Lonnerdal y Janson, 1973; Bjorkman y
Lonnerdal, 1973; Buchwaldt y *otros,* 1986, Bones y Slupphaug, 1989).
Ohtsuru y Hata (1972) purificaron cuatro isoenzimas de mirosinasa a partir de polvo de
mostaza
; tres tenían una masa molecular de 153 kDa, y la cuarta de 125 kDa. A partir de la
electroforesis
en gel de
poliacrilamida se estimó que el
número de subunidades era
de 4. Bjorkman y Janson (1972) purificaron una mirosinasa hasta alcanzar la aparente
homogeneidad
y obtuvieron una purificación parcial de otras dos isoenzimas. El
140se demostró que la mirosinasa completamente purificada contenía 2 subunidades de
tamaño similar. Un nuevo procedimiento de purificación de la mirosinasa de *B. napus* L.
fue presentado por Bones y Slupphaug (1989). Al comparar los resultados, debe
observarse que hay pocos informes de purificaciones de mirosinasa aparentemente
homogéneas. Lenman y *otros* (1990) informaron recientemente de que las mirosinasas
podían formar complejos con masas moleculares del orden de 140 a 800 kDa.

3. Productos de hidrólisis de glucosinolatos

La degradación de los glucosinolatos mediada por la mirosinasa da lugar a un
tiohidroximato-O-sulfonato inestable que, al liberar sulfato (mediante un reordenamiento
Lossen), puede dar lugar a la producción de isotiocianatos, tiocianatos, nitrilos y azufre
elemental, en función de la concentración de H+ y/u otros factores (Fig. 1). Los
mecanismos de degradación se han estudiado con cierto detalle, especialmente la formación
de isotiocianatos y nitrilos (Benn 1977), aunque el mecanismo del tiocianato todavía
requiere ser aclarado (Hasapis y MacLeod 1982).

3.1 Producción de isotiocianato y nitrilo Los isotiocianatos se producen normalmente a
pH neutros, mientras que la producción de nitrilo se produce a pH más bajos. Los
glucosinolatos indole como la glucobrasicina se someten a hidrólisis enzimática para dar

3-indolemetanol, 3-indoleacetonitrilo y 3,3'-diindolilmetano (Labague *et al.* 1991). El alcohol de los glucosinolatos de indol se deriva del isotiocianato que se somete a solólisis. La evidencia de un isotiocianato de indol proviene de los trabajos de Hanley *y otros* (1990) que aislaron un isotiocianato de indol de la degradación de la gluconeobrasicina en condiciones experimentales específicas. Los isotiocianatos con un grupo hidroxi en la posición 2 se ciclizan espontáneamente para dar a los thiones de oxazolidina-2- un ejemplo de lo cual es la goitrina derivada del 2-hidroxi-but-3- eniglucosinolato.

Los isotiocianatos son absorbidos por el intestino delgado y el colon y los metabolitos son detectables en la orina humana 2-3 h después del consumo de vegetales de brassica. Los isotiocianatos son potentes inductores de las enzimas de fase II *in vitro.* y se ha demostrado que aumentan el metabolismo y la desintoxicación de los carcinógenos químicos *in vitro* y en modelos animales. Algunos de estos compuestos también inhiben la mitosis y estimulan la apoptosis en las células tumorales humanas. *in vitro* e *in vivo.* Este segundo efecto plantea la posibilidad de que, además de bloquear el daño al ADN, los isotiocianatos puedan inhibir selectivamente el crecimiento de las células tumorales incluso después de la iniciación de los carcinógenos químicos. Las pruebas epidemiológicas apoyan la posibilidad de que los productos de descomposición del glucosinolato derivados de vegetales de brassica puedan proteger contra los cánceres humanos, especialmente los del tracto gastrointestinal y el pulmón. Para definir y explotar estos efectos potencialmente anticancerígenos es importante comprender y manipular la química y el metabolismo del glucosinolato a lo largo de toda la cadena alimentaria, desde la producción y el procesamiento hasta el consumo.

4. El sistema enzimático de la mirosinasa: aparición de las mirosinasas

La mirosinasa y los glucosinolatos fueron descubiertos por primera vez en las semillas de mostaza por Bussy (1840). Para una reseña histórica de las investigaciones sobre la mirosinasa véase, por ejemplo, Bjorkman (1976) y Bones (1991). Las mirosinasas siempre parecen ir acompañadas de uno o más glucosinolatos. Están presentes en todas las especies de Brassicaceae (Cruciferae) examinadas y también se han encontrado en Akaniaceae, Bataceae, Bretschneideraceae, Capparaceae, Caricaceae, Drypetes (Euphorbiaceae), Gyrostemonaceae, Limnanthaceae, Moringaceae, Pentadiplantdraceae, Resedaceae, Salvodoraceae, Tovariaceae, Tropaeolaceae (Rodman, 1991). También se han encontrado enzimas con actividad de mirosinasa en los hongos *Aspergillus sydowi* (Reese *y otros,*

1958, Othsuru *y otros,* 1969) y *Aspergillus niger* (Ohtsuru *y otros,* 1973), en las bacterias intestinales *Enterobacter cloacae* (Tani *y otros,* 1973). 1974) y *Paracolobactrum aerogenoides* (Oginsky *y otros,* 1965), en los tejidos de los mamíferos (Goodman *y otros,* 1959) y en los áfidos crucíferos *Brevicoryne brassicae* y *Lipaphis erisimi* (MacGibbon y Beuzenberg, 1978). Estas mirosinasas de áfidos hidrolizan *in vitro el* glucosinolato de 2-hidroxi-2-feniletilo y exhiben movilidades electroforéticas distintas de las de las isoenzimas aisladas de sus plantas huéspedes. Este comportamiento bioquímico distintivo no excluye la posibilidad de que las mirosinasas se modifiquen a partir de las enzimas adquiridas de la planta huésped, en contraste con la síntesis *de novo* que interviene en las mirosinasas endógenas en hongos y bacterias. Sin embargo, en trabajos recientes se ha demostrado que los anticuerpos que se elevan a la mirosinasa vegetal no reaccionan de forma cruzada con la mirosinasa áfida parcialmente purificada, lo que indica que la proteína no se deriva de la planta huésped (Bridges *et al., inédito*).

4.1 Isócima de mirosinasa: Se ha demostrado la existencia de múltiples formas de mirosinasa en muchas plantas. Mediante electroforesis analítica en gel, varios autores han demostrado la separación de varias isoenzimas de mirosinasa (MacGibbon y Allison 1970, Henderson y McEwen 1972, Buchwaldt y *otros* 1986). MacGibbon y Allison (1970) examinaron el patrón de isoenzimas después de la separación electroforética de las mirosinasas de 7 especies de Rhoeadales. Se encontró que cada especie tenía un patrón distinto y el número de bandas detectables variaba de 1 a 4. MacGibbon y Allison (1970) también encontraron diferentes patrones dependiendo de si los extractos estaban hechos de hoja, tallo, raíz o semilla. Buchwaldt *y otros* (1986) informaron de que el extracto crudo de las semillas de *Sinapis alba contenía al* menos catorce isoenzimas de mirosinasa. El enfoque isoeléctrico en los geles de poliacrilamida de las preparaciones en polvo de etanol reveló dos bandas para *Brassica nigra* y *Brassica napus* y siete bandas para *Sinapis alba* (Buchwaldt *y otros, 1986).* En un estudio de los efectos del ácido ascórbico en las mirosinasas de diferentes crucíferas, Henderson y McEwen (1972) observaron una activación diferente de las diversas isoenzimas, detectada por un aumento del precipitado de bariumsulfato.

Se sabe poco sobre la especificidad del sustrato de las isoenzimas de la mirosinasa. Los datos disponibles son de James y Rossiter (1991). Las dos mirosinasas examinadas por James y Rossiter degradaron diferentes glucosinolatos a un ritmo diferente. Sin embargo, ambas isoenzimas mostraron la mayor actividad contra los glucosinolatos alifáticos y la menor actividad contra los glucosinolatos indólicos. De sus resultados se desprende que los miembros de una clase determinada de glucosinolatos se degradan aparentemente a aproximadamente la misma velocidad *in vitro*. Una excepción es la importante diferencia en la degradación de la sinigrina. También se obtuvieron resultados similares. También observaron que la actividad contra un glucosinolato alifático (progoitrina) dependía de la isoenzima analizada. Los resultados de *Arabidopsis thaliana* podrían indicar que las mirosinasas aceptan una amplia gama de sustratos de glucosinolato. Xue *y otros* (1992, 1995) y Chadchawan *y otros* (1993) han informado de que hay tres genes de mirosinasa en *Arabidopsis thaliana*. Sólo se ha informado de transcripciones activas de dos de estos genes, y se supone que están degradando los 23 glucosinolatos diferentes que, según se informa, están presentes en Arabidopsis *thaliana* (Haughn *y otros,* 1991). Al considerar la especificidad del sustrato también se debe tener en cuenta la posibilidad de que la especificidad se vea afectada por factores asociados como la proteína epithiospecificadora, la proteína de unión a la mirosinasa u otras proteínas o componentes asociados a la mirosinasa. Para aclarar la cuestión de la especificidad del sustrato será necesario examinar las isoenzimas de diferentes etapas de desarrollo en combinación con los factores asociados conocidos.

5. Purificación de la mirosinasa

Durham y Poulton (1989) purificaron la mirosinasa hasta alcanzar la homogeneidad a partir de berro de cultivo ligero (plántulas de Lepidium sativum) utilizando celulosa Sephadex G-25,75 y DEAE y obtuvieron una purificación de 14,5 veces con una recuperación del 26%. La mirosinasa se purificó hasta alcanzar la homogeneidad en un buen rendimiento a partir de plántulas de 8 días de edad de Raphanus *sativus* utilizando un procedimiento de cuatro pasos que incluía cromatografías de intercambio de aniones, fenosa hidrofóbica, filtración en gel y concanavalina A -sefarosa con una purificación de 234 veces y una actividad específica de 164 unidades/mg (Shikita *y otros* 1999).

La mirosinasa se purificó mediante la precipitación de sulfato de amonio hasta aproximadamente 7,3 veces (actividad específica de 26,0 unidades/mg de proteína) con un rendimiento del 87%. La cromatografía de intercambio de aniones Q- sefarosa aumentó la purificación de la enzima a 23 veces con un rendimiento del 32% (actividad específica de 81,6 unidades/mg de proteína). Finalmente, la cromatografía de afinidad de la concanavalina A sepharose resultó en una purificación de 34,1 veces la proteína con un rendimiento de aproximadamente el 20% (actividad específica de 121,0 unidades/mg de proteína). La proteína purificada migró como una sola banda de alrededor de 65 kDa en la SDS- PAGE, que representaba la proteína dominante en el extracto crudo. Sobre la base de las regiones conservadas en el ADNc de tres especies, se elaboraron cebadores de PCR (reacción en cadena de la polimerasa), que se utilizaron para amplificar y caracterizar la estructura de los genes de la mirosinasa en *Brassica napus*, *B. chinensis* (*B. campestris* var. chinensis), *B. campestris*, B. *oleracea*, *Cheiranthus cheiri*, *Raphanus sativus* y *Sinapis alba*. La gran similitud de la secuencia de nucleótidos, la estructura intrón-exón y el número de copias de genes entre las siete especies comparadas, indican que los genes de la mirosinasa están organizados de manera similar en estas especies. Los trabajos realizados en nuestro laboratorio (Winge y otros, inéditos) muestran que la estructura de los genes de la mirosinasa en Arabis alpina, Tropaeolum majus, Iberis umbellata y Lepidum sativum son similares con los resultados comunicados por Thangstad *y otros* (1993).

6. Efectos del ácido ascórbico en la actividad de la mirosinasa:

Se ha demostrado que el ácido ascórbico modula la actividad de la mirosinasa en algunas especies (Nagashima y Uchiyama 1959). Un modelo de la acción del ácido ascórbico fue postulado por Tsuruo y Hata (1968). El ácido ascórbico no participa en la reacción catalizada por la mirosinasa de mostaza (Ettlinger y *otros* 1961, Tsuruo y Hata 1968), ni está involucrado en la asociación de las subunidades enzimáticas (Ohtsuru y Hata 1973). La activación parece deberse a un cambio conformacional en la estructura de la proteína que conduce a una mayor velocidad de reacción cuando los sitios de unión de los efectores están ocupados (Tsuruo y Hata 1968, Ohtsuru y Hata 1973). Tsuruo y

Hata (1968) postuló la presencia de un sitio de acción para el sustrato, y dos sitios para el ácido ascórbico. El sitio del sustrato tiene dos variedades, una para el glicón y otra para la parte de aglicón del glucosinolato. La conformación de la fracción de aglicona se altera cuando se ocupa el sitio del ácido ascórbico, de modo que el glucosinolato se adapta mejor a su sitio. Debido a que el segundo sitio para el ácido ascórbico es el mismo que el sitio del sustrato, las altas concentraciones de ácido ascórbico tienen un efecto inhibidor. Cuando se utiliza el p-NPG como sustrato, las altas concentraciones de ácido ascórbico inhiben la reacción debido a la competencia en el sitio de unión. Las concentraciones moderadas no tienen ningún efecto, ya que el p-NPG no ocupa la fracción de aglicona del sitio del glucosinolato. Considerando que una asociación más débil de glucosinolatos con la mirosinasa puede dar una mayor velocidad de reacción, esto también puede explicar el aumento de Km en presencia de ácido ascórbico. Cuando se añade ácido ascórbico, tanto el Km como el Vmax aumentan. La disminución de la afinidad (Km) de la enzima por el sustrato no es el comportamiento normal de un efector positivo. Sin embargo, como postulan Tsuruo y Hata (1968), esto puede deberse a un sitio común de unión entre el efector y el sustrato.

10. Las proteínas de unión de la mirosinasa

Recientemente se ha demostrado que varios polipéptidos se asocian con las mirosinasas en virtud de su coprecipitación con los anticuerpos antimirosinasa (Lenman *y otros,* 1990). Sin embargo, en esta etapa no se sabe si tienen un papel en el sistema de mirosinasa-glucosinolato y la bioquímica del fenómeno aún no ha sido explorada en su totalidad. Se desconoce la función de estos polipéptidos, pero Rask y sus colaboradores en Uppsala han demostrado que las heridas inducen la expresión de estos polipéptidos (Falk *et al.* 1995). Es probable que una serie de experimentos en curso permita obtener más información sobre las proteínas unidas o asociadas a la mirosinasa.

El término célula de mirosina fue utilizado por primera vez por Guignard (1890) y más tarde se ha utilizado para describir este tipo especial de célula descubierta por Heinricher (1884) que se supone que contiene mirosinasa. Las células de mirosina se limitaban al tejido parenquimatoso de las partes verdes de diferentes plantas de Brassicaceae, especialmente en las células epidérmicas de las hojas (para un examen de la distribución, la aparición y la morfología comunicadas en los primeros estudios, véase Huesos, 1991, Huesos e Iversen, 1985).

8. La bomba de mirosina y glucosinolato

Matile (1980) llegó a la conclusión de que la estabilidad de los glucosinolatos en los tejidos intactos de la raíz del rábano picante (*Armoracia rusticana*) parecía deberse a la ubicación de los glucosinolatos y la mirosinasa en distintos compartimentos subcelulares de la misma célula. Se presentaron pruebas de la presencia de mirosinasa en compartimentos extracelulares (paredes celulares) y asociada al lado citosólico de las membranas internas, mientras que los glucosinolatos se localizaban en vacuolas. La activación de este sistema sería inducida por la permeabilización de las membranas, lo que daría lugar a la liberación de glucosinolatos y ácido L-ascórbico de las vacuolas centrales de las células del parénquima. En un informe posterior de Luthy y Matile (1984) se presenta un análisis rectificado de la organización subcelular del sistema de la mirosinasa.

9. Interacción con los hongos de las plantas

El trabajo en nuestros laboratorios ha demostrado que la infección con hongos puede inducir una síntesis local de mirosinasa (Karapapa *et al. inédito*). Existe la posibilidad de que otras respuestas de estrés también induzcan una respuesta similar. Los resultados iniciales no revelaron ningún aumento de la actividad total de la mirosinasa, pero esto podría deberse a una síntesis altamente constitutiva de la mirosinasa.

11. Interacciones planta-microorganismo Respuestas a los nutrientes disponibles

Dado que los glucosinolatos contienen una proporción importante de azufre y nitrógeno, cabe esperar que los fertilizantes influyan en las concentraciones de glucosinolatos en los cultivos de *Brassica*. Se ha sugerido que, en condiciones de deficiencia de azufre, el azufre ligado en los glucosinolatos de las especies de *Brassica* puede removerse mediante la división enzimática con mirosinasa (Schnug *y otros,* 1993). Se cree que el mecanismo para ello implica el control de la actividad de la mirosinasa por medio del ciclo ascorbato/glutathione. Los estudios han demostrado (Schnug *y otros,* 1995) una estrecha relación entre el estado del azufre y las concentraciones de glucosinolato y glutatión, aunque las interdependencias para el ascorbato son menos evidentes.

11. Investigación futura:

Hay un aumento en el interés por el sistema de mirosinasa-glucosinolato. Esto se debe, al menos en parte, a que ya se han desarrollado algunas de las herramientas necesarias para la investigación molecular del sistema. Las investigaciones futuras se centrarán en diferentes temas del sistema, de los cuales algunos se mencionarán brevemente aquí.

El papel fisiológico de los glucosinolatos será investigado en detalle. Estos estudios probablemente incluirán experimentos que determinarán el papel de los glucosinolatos en el crecimiento de las plantas, incluyendo el papel en diferentes etapas como el período de crecimiento vegetativo, la germinación y la floración. Ya hay algunos indicios de que la colza doble cero es más sensible a la defensa del azufre que las plantas de cero simple. Aunque se ha intentado correlacionar los niveles de glucosinolatos con, por ejemplo, el crecimiento y la resistencia, los futuros experimentos deberían ser más específicos y, por ejemplo, determinar el efecto directo de un bajo nivel de indole-glucosinolatos en períodos de crecimiento específicos como la floración. Los datos disponibles sobre la secuencia de la mirosinasa muestran que hay por lo menos tres subgrupos de la familia de genes de la mirosinasa en *Brassica napus*. Esto puede indicar que los diferentes genes están involucrados en diferentes procesos de la planta. La información de los estudios de expresión que utilizan sondas de diferentes genes ya ha demostrado que las mirosinasas pueden tener una expresión específica en los tejidos (Xue *y otros,* 1993). La transformación de las plantas que contienen mirosinasa y también de las plantas que no contienen mirosinasa se utilizará para estudiar los efectos de la sobreexpresión y la subexpresión (antisentido). La localización de los glucosinolatos y las proteínas asociadas a la mirosinasa a nivel subcelular ayudará enormemente en el trabajo de determinar las funciones del sistema.

El objetivo será comprender los mecanismos moleculares y, de ese modo, lograr una mejor comprensión de los procesos biológicos en los que interviene el sistema de mirosinas-glucosinolato. Otro objetivo será utilizar estos resultados en los programas de reproducción. La cantidad, distribución y mezcla de glucosinolatos específicos son objetivos de los programas de cría. Por ejemplo, altas concentraciones de glucosinolatos en partes de las plantas que no se utilizan para la alimentación. La modificación de las plantas para obtener la combinación óptima de mirosinasas y glucosinolatos es un objetivo final. Los resultados deseados probablemente serán diferentes y dependerán, por ejemplo, de dónde se van a utilizar las plantas. El control de los compuestos que funcionan como repelentes y atrayentes de insectos será probablemente importante también porque hay que esperar una disminución de las cantidades de plaguicidas para plantas que pueden utilizarse en el futuro. Sin embargo, el sistema glucosinolato-mirosinasa consta de más de 100 sustratos y varias formas de enzimas. Para diseñar este sistema se necesita información específica sobre los componentes y genes implicados, y la función del sistema, así como sobre la compartimentación de los elementos implicados, la síntesis de los glucosinolatos y la distribución de los compuestos. Una combinación de fitomejoramiento tradicional y de ingeniería genética podría posiblemente producir algunos de los rasgos deseados.
:

- Benn, M. 1977. Glucosinolatos. - Pure and Appl. Chem. 49: 197-210.
- Bjorkman, R. 1976. Properties and function of plant myrosinases. - En The biology and chemistry of Cruciferae (Vaughan, J.G., A.J. MacLeod y B.M.G. Jones, eds.), págs. 191-205, Academic Press, Londres, ISBN 0-12715150-8.

- Bjorkman, R. & Janson, J.C. 1972. Estudios sobre las mirosinasas. I. Purificación y caracterización de una mirosinasa de la semilla de mostaza blanca (*Sinapis alba* L.). - Biochim. Biofísica. Acta 276: 508-518.

- Bjorkman, R. & Lonnerdal, B. 1973. Estudios sobre las mirosinasas. III. Propiedades enzimáticas de las mirosinasas de las semillas de *Sinapis alba* y *Brassica napus*. - Biochim. Biophys. Acta 327: 121-131.

- Bones, A.M. & Slupphaug, G. 1989. Purificación, caracterización y secuenciación parcial de aminoácidos de la -tioglucosidasa de *Brassica napus* L. - J. Plant Physiol. 134: 722-729.

- Bones, A.M. 1991. Compartimentación y propiedades moleculares de la tioglucósido glucohidrolasa (mirosinasa). Dr. Tesis. Centro Unigen de Biología Molecular, Departamento de Botánica de la Universidad de Trondheim, pág. 1195.

- Bones, A.M. 1991. Compartimentación y propiedades moleculares de la tioglucósido glucohidrolasa (mirosinasa). Dr. Tesis. Centro Unigen de Biología Molecular, Departamento de Botánica de la Universidad de Trondheim, pág. 1195.

- Huesos, A.M. e Iversen, T.-H. 1985. Células de mirosina y mirosinasa. - Isr. J. Bot. 34: 351-375.

- Buchwaldt, L., Larsen, L.M., Ploger, A. & S0rensen, H. 1986. Fast polymer liquid cromatography isolation and characterization of plant myrosinase, -thioglucoside glucohydrolase, isoenzymes. - J. Cromatografía 363: 71-80.

- Buchwaldt, L., Larsen, L.M., Ploger, A. & S0rensen, H. 1986. Fast polymer liquid cromatography isolation and characterization of plant myrosinase, thioglucoside glucohydrolase, isoenzymes. - J. Cromatografía 363: 71-80.

- Buchwaldt, L., Larsen, L.M., Ploger, A. & S0rensen, H. 1986. Fast polymer liquid cromatography isolation and characterization of plant myrosinase, thioglucoside glucohydrolase, isoenzymes. - J. Cromatografía 363: 71-80.

- Bussy, A. 1840. Sobre la formación del aceite esencial de mostaza. - J. Pharm. 27: 464-471.

- Chadchawan, S., Bishop, J., Thangstad, O.P., Bones, A.M., Mitchell-Olds, T. & Bradley, D. 1993. Secuencia de ADNc de *Arabidopsis que codifica* la mirosinasa. - Plant Physiol. 103: 671-672.

- Ettlinger, M.G., Dateo, G.P., Harrison, B.W., Mabry, T.J. & Thompson, C.P. 1961. Vitamin C as a coenzyme: The hydrolysis of mustard oil glucosides. - Proc. Nat. Acad. Sci. USA 47: 1875-1880.

- Falk, A., Taipalensuu, Ek, B., Lenman, M. & Rask, L. 1995. Characterization of rapeseed myrosinase-binding protein. - Planta 195: 387395.

- Grob, K. & Matile, Ph. 1979. Ubicación vacuolar de los glucosinolatos en las células de la raíz del rábano. - Plant Sci. Lett. 14: 327-335.

- Goodman, I., Fouts, J.R. Bresnick, E., Menegas, R. & Hitchings, G.H. 1959. Una tioglucosidasa mamífera. - Ciencia 130: 450-451.

- Guignard, L. 1890. Sobre la ubicación de los principios que proporcionan las esencias sulfurosas de los crucíferos. C.R. Acad. Hebd. - Sesiones III: 249-251.

- Hanley, B.A., Parsley, K.R., Lewis, J.A. y Fenwick, R.G. 1990. Chemistry of indole glucosinolates: Intermediación de isotiocianatos de indol-3-ilmetilo en la hidrólisis enzimática de los glucosinolatos de indol. - J. Chem. Soc. Perkin Trans 1. 2273-2276 .

- Haughn, G.W., Davin, L., Giblin, M. & Underhill, E.W. 1991. Biochemical genetics of plant secondary metabolites in *Arabidopsis thaliana*. Los glucosinolatos. - Plant Physiol. 97: 217-226.

- Heinricher, E. 1884. Ueber eiweissstoffe fuhrende idioblasts bei einigen Cruciferen. - Ber. Deutsch. Bot. Ges. II: 463-467.

- Henderson, H.M. & McEwen, T.J. 1972. Efecto del ácido ascórbico en las tioglucosidasas de diferentes cruces. - Fitoquímica 11: 3127-3133 3127-3133 .

- James, D. & Rossiter, J.T. 1991. Development and characteristics of myrosinase in *Brassica napus during early* seedling growth. - Physiol. Planta. 82: 163-170.

- Labague, L., Gardrat, G., Coustille, J.L., Viaud, M.C. & Rollin, P. 1991. Identificación de los productos de degradación enzimática de la glucobrasicina sintetizada por cromatografía de gases-espectrometría de masas. - J. Cromatografía 586: 166-170.

- Lenman, M., Falk, A., Xue, J. y Rask, L. 1993. Characterization of a *Brassica napus* myrosinase pseudogene: myrosinases are members of the BGA family of b-glycosidases. - La planta Mol. Biol. 21: 463-474.

- Luthy. B. & Matile, Ph. 1984. La bomba de aceite de mostaza: Análisis rectificado de la organización subcelular del sistema de la mirosinasa. - Bioquímica. Physiol. Pflanzen 179: 5-12.

- Lenman, M., Rodin, M., Josefsson, L-G. & Rask, L. 1990. Immunological characterization of rapeseed myrosinase. - Eur. J. Biochem. 194: 747-753.

- Lonnerdal, B. & Janson, J.-C. 1973. Estudios sobre las mirosinasas. II. Purificación y caracterización de una mirosinasa de la colza (*Brassica napus* L.). - Biochim. Biophys. Acta 315: 421-429.

- MacGibbon, D.B. & Allison, R.M. 1970. Un método para la separación y detección de glucosinasas vegetales (mirosinasas). - Fitoquímica 9: 541544.

- MacGibbon, D.B. & Beuzenberg, E.J. 1978. Ubicación de la glucosinolasa en *Brevicoryne brassicae* y *Lipaphis erysimi* (Aphididae). - Nueva Zelandia J. Sci. 21:389-392.

- MacGibbon, D.B. & Allison, R.M. 1970. Un método para la separación y detección de glucosinasas vegetales (mirosinasas). - Fitoquímica 9: 541544.

- Matile, Ph. 1980. "La senfolbomb": sobre la compartimentación del sistema de la mirosinasa. - Bioquímica. Fisiol. Planta 175: 722-731.

- Nagashima, Z. & Uchiyama, M. 1959. Posibilidad de que la mirosinasa sea una enzima única y mecanismo de descomposición del glucósido del aceite de mostaza por la mirosinasa. - Bull. Agric. Biol. Química. Soc. Japón 23: 6: 555-556.

- Ohtsuru, M. & Hata, T. 1973. Estudios sobre el mecanismo de activación de la mirosinasa por el ácido L-ascórbico. - Agr. Biol. Chem. 37: 1971-1972.

- Ohtsuru, M. & Kawatani, H. 1979. Estudios de la mirosinasa de *Wasabia japonica*: Purificación y algunas propiedades de la mirosinasa de Wasabi. - Agric. Biol. Chem. 43: 2249-2255.

- Ohtsuru, M. & Hata, T. 1972. Propiedades moleculares de múltiples formas de mirosinasa vegetal. - Agrícola. Biol. Química. 36: 2495-2503 2495-2503 .

- Ohtsuru, M. & Hata, T. 1973. Estudios sobre el mecanismo de activación de la mirosinasa por el ácido L-ascórbico. - Agr. Biol. Chem. 37: 1971-1972.

- Oginsky, E.L., Stein, A.E. & Greer, M.A. 1965. Actividad de la mirosinasa en las bacterias, demostrada por la conversión de progoitrina en goitrina. - Soc. Exp. Biol. Med. Proc. 119: 360-364.

- Reese, E. T., Clapp, R.C. & Mandels, M. 1958. Una tioglucosidasa en hongos. - Arch. Bioquímica. Biofísica. 75: 228-242.

- Schnug, E., Haneklaus, S., Borchers, A. & Polle, A. 1995. Relaciones entre el suministro de azufre y las concentraciones de glutatión y ascorbato en Brassica napus. - Zeitschrift fur Pflanzenernahrung und Bodenkunde 158: 67-69.

- Shikita, M., Fahay, J. W., Golden, T.R.,Holtzclaw, W.D.& Talalay, P.1999. An unusual case of 'uncompetitive activation' of ascorbic acid: purification and kinetic propertiesof a myrosinase from *Raphanus sativus* seedling.- Baochem.J.341(725-

732).

- Tani, N., Ohtsuru, M. & Hata, T. 1974. Aislamiento de microorganismos productores de mirosinasa. - Agr. Biol. Chem. 38: 1617-1622.
- Thangstad, O.P., Winge, P., Husebye, H. & Bones, A. 1993. La familia de genes de la glucohidrolasa tioglucósida (mirosinasa) en las Brassicaceae. - Plant Mol Biol. 23: 511-524.
- Tsuruo, I. & Hata, T. 1968. Studies on myrosinase in mustard seeds. Parte IV. Los azúcares y los glucósidos como inhibidores de la competencia. - Agr. Biol. Chem. 32: 1420-1424.
- Tsuruo, I. & Hata, T. 1968. Studies on myrosinase in mustard seeds. Parte IV. Los azúcares y los glucósidos como inhibidores de la competencia. - Agr. Biol. Chem. 32: 1420-1424.
- Xue, J., JOrgensen, M., Philgren, U. & Rask, L. 1995. La familia de genes de la mirosinasa en *Arabidopsis thaliana*: organización, expresión y evolución de los genes. - Planta Mol. Biol. 27: 911-922.
- Xue, J., Lenman, M., Falk, A. & Rask, L. 1992. La enzima degradante del glucosinolato mirosinasa de las Brassicaceae está codificada por una familia de genes. - La planta Mol. Biol. 18: 387-398.
- Xue, J., Philgren, U. & Rask, L. 1993. Temporal, celular-específica y tisular-expresión preferente de los genes de la mirosinasa durante el desarrollo de embriones y plántulas en *Sinapis alba*. - Planta 191: 95-101.

Capítulo 8

Alteraciones inducidas por la senescencia en los procesos primarios de la fotosíntesis
y análisis del efecto de diversos senescentes

Bhanumathi. G., y Murthy S.D.S*

*Depto. de Bioquímica, Universidad de Sri Venkateswara,

Tirupati - 517 502, Andhra Pradesh, INDIA.

Resumen

Esta revisión trata de las alteraciones inducidas por la senescencia relacionadas con los procesos bioenergéticos de la fotosíntesis y el papel de los retardadores de la senescencia como las fitohormonas, los iones metálicos y las poliaminas en el retraso de la senescencia. Entre varios pigmentos fotosintéticos, la clorofila *a* es el principal objetivo en comparación con los de otros. La principal razón de la pérdida de fotofucciones del thylakoid son la peroxidación de lípidos, los cambios en el complejo de oxidación del agua y las alteraciones de los diferentes portadores de electrones. Esta senescencia puede retrasarse mediante la aplicación de fitohormonas, iones metálicos y poliaminas. Cuando se aplican en combinación se esperan resultados más prometedores. Además, hay cambios en varias enzimas antioxidantes durante la senescencia que pueden utilizarse como marcador del inicio de la senescencia.

Palabras clave: Clorofila; fotosíntesis; retardantes; Senescencia

1. Senescencia de la hoja y proceso fotosintético:

La senescencia es la fase de desarrollo compleja y altamente regulada de la vida de una hoja que da lugar a la degradación coordinada de las macromoléculas y la posterior movilización de los componentes a otras partes de la planta (Biswal y Biswal 1999). En las plantas de cultivo anular, que incluyen la mayoría de los cultivos agrícolas como el trigo, el arroz y el maíz, los nutrientes movilizables como el carbono, el nitrógeno y los minerales de toda la planta se almacenan en última instancia en las semillas desarrolladas (Buchanan -Wollaston 1997). Dado que un porcentaje considerable del nitrógeno para el relleno de los granos proviene de las partes vegetativas de la planta, y que sólo una pequeña parte se extrae del suelo durante el desarrollo de la semilla, la removilización de las hojas de senescencia es fundamental para el balance de nutrientes en los cultivos de semillas. Además, la diversidad del rendimiento de los cultivos se basa principalmente en las diferencias en la duración de la actividad fotosintética (Watson 1952). Por lo tanto, el estudio de la senescencia de las hojas es de fundamental importancia.

Los estudios fisiológicos, bioquímicos y moleculares de la senescencia de la hoja demostraron que durante la senescencia las células de la hoja experimentan cambios altamente coordinados en la estructura celular, el metabolismo y la expresión génica

(Biswal y Biswal 1999; Quirino *y otros,* 2000; Chandlee, 2001). En las hojas verdes, los cloroplastos suelen estar entre los primeros orgánulos celulares que muestran cambios en la estructura (Biswal y Biswal 1988). El organelo exhibe cambios tanto cuantitativos como cualitativos en los pigmentos (Biswal y *otros,* 1982; Biswal 1995), las macromoléculas (Biswal y Biswal 1988 y Biswal *y otros.*1994), la estructura molecular (Joshi *y* otros.1993), y en la organización de la membrana del tiroides (Biswal *y otros.*1983). Los cloroplastos de las hojas senescentes muestran un volumen reducido y cambian de casi ovalados a esféricos (Sun-Zhen Yuan et *al.*1998). Los thylakoides granales y estromales muestran cambios en su plano de orientación (Hashimoto *y otros* 1989) y un volumen grana reducido (Sun-Zhen Yuan *y otros* 1998). La observación de glóbulos densos solubles en lípidos en los plásticos en la etapa final de la senescencia (Reddy 1986 y Hashimoto *y otros 1989)* sugiere la posibilidad de formación de glóbulos a partir de los lípidos tras la desintegración de las láminas granales y estromales (Burke *y otros* 1984, Tevini y Steinmuller 1985). Metabólicamente, la asimilación del carbono (Fotosíntesis) es reemplazada por el catabolismo de la clorofila y las macromoléculas como las proteínas, los lípidos de la membrana y los ácidos nucleicos (Biswal y Biswal 1988, Buchanan-Wollaston y Ainsworth, 1997).

Durante la senescencia foliar, la pérdida de pigmentos fotosintéticos es uno de los cambios más visibles. La pérdida de clorofila total (Chl a+b) se utiliza comúnmente como medida del progreso de la senescencia. En la mayoría de las plantas, los niveles de clorofila a y clorofila b caen casi por igual hasta el final de la senescencia, con una disminución de la proporción de clorofila a a clorofila b. Sin embargo, los pigmentos carotenoides, que están estrechamente asociados a las moléculas de Chl, persisten más tiempo que la clorofila durante la senescencia. La función protectora de los carotenoides en la destrucción foto-oxidativa del aparato fotosintético ha sido bien establecida. Sandamann *y otros* (1993) encontraron una correlación muy significativa entre la evolución del oxígeno fotosintético y las cantidades de carotenoides sintetizados.

2. 2. Efecto de la senescencia en el catabolismo clorofílico

El catabolismo del Chl durante la senescencia de la hoja va acompañado de la pérdida del color verde, que es uno de los fenómenos más espectaculares de la naturaleza (Hartenstein y Feller, 2002). Muchas enzimas se han visto implicadas en la realización de actividades esenciales para la iniciación y la progresión del programa de senescencia, entre ellas las proteasas, nucleasas y otras enzimas degradantes. Participan en el desmantelamiento del cloroplasto y en la descomposición del cloro (Buchanan-Wollaston, 1997).

El catabolismo de Chl está mediado por al menos cinco reacciones enzimáticas que se encuentran comúnmente en todas las especies. Las cuatro primeras reacciones tienen lugar en los cloroplastos senescentes (gerontoplastos), comenzando con la eliminación de la cadena fital por la clorofilasa para producir clorofilida (Hartenstein y Feller, 2002). La clorofilasa está localizada en la envoltura interna de la membrana del cloroplasto (Matile *et al.*, 1997).

Durante la senescencia, debido a la mayor actividad de las enzimas catabolizantes de Chl y especialmente con la clorofilasa, se espera que disminuya la vida útil de una molécula de Chl (Huckmani y Tripathy, 1994). Se han identificado formas de Chl libres de Mg en varias especies de plantas durante la senescencia (Ziegler *y otros*, 1988). Así, se postuló la eliminación del átomo central, Mg del clorofilido por la Mg decelatasa para producir el feoforburo [a] (Shioi *et al.*, 1996). La tercera reacción en la vía catabólica del Chl es más importante para el amarillamiento de la hoja porque es responsable de la pérdida del color verde (Hartenstein y Feller, 2002). Se necesitan necesariamente dos enzimas. En primer lugar, la Pheide *a oxigenasa* (PaO) abre el ciclo de la macroporfirina mediante la introducción de oxígeno. Esto produce un intermedio de catabolito Chl rojo (RCC) que se libera de PaO después de una reducción específica del sitio catalizada por la RCC reductasa (RCCR) (Rodoni *et al.*, 1997). La actividad de la RCCR se ha detectado en las raíces y se puede medir en el estroma en todas las etapas del desarrollo de las hojas (Wuthrich *et al.*, 2000). Por el contrario, la PaO está ligada a la membrana de la envoltura interior (Matile y Schellenberg, 1996) y su actividad sólo es detectable durante la senescencia (Hortensteiner *et al.*, 1995).

Los experimentos de quelación y reconstitución de metales han demostrado que el PaO es un hierro no hem que contiene actividad de mono-oxigenasa (Hortensteiner *y otros*, 1998). Es específico para Pheide *a* y Pheide *b* y actúa como un inhibidor de la competencia. El Chl *b se convierte* en Chl *a* antes de entrar en la vía catabólica del Chl. De hecho, el sistema reductor del Chl b se ha descrito recientemente en la cebada y el pepino, lo que podría ser importante para su *degradación del Chl* durante la senescencia (Scheumann *et al.*, 1999). La clorofilasa y la RCCR son enzimas de codificación nuclear que contienen péptidos de tránsito que dirigen las proteínas respectivas en los cloroplastos (Jakob-Wilk *y otros*, 1999;

Wuthrich *y otros,* 2000).

El transporte de electrones fotosintéticos

Las actividades fotoquímicas limitan la fotosíntesis durante la senescencia (Harding *y otros,* 1990). Se ha informado de que las actividades de transporte de electrones de la PS II y la PS I han disminuido durante la senescencia de la hoja en un 25% y un 33%, respectivamente, en el *Phaseolus* (Jenkins y Wolhouse, 1981). No se encontró que esta pérdida de actividad explicara la disminución del 80% de la tasa de transporte de electrones acoplados y no cíclicos durante la senescencia. Por lo tanto, se sugirió que un deterioro del flujo de electrones entre los fotosistemas limitaba las actividades de transporte no cíclico de electrones (Biswal y Mohanty 1976, Sabat *y otros* 1985, Grover *y otros* 1986). Bricker y Newman (1982) encontraron una mayor pérdida en la actividad de transporte de electrones de la PS I en comparación con la de la PS II durante la senescencia de los cloroplastos cotiledonarios en la soja. En contraste con los informes que muestran una disminución de las actividades de la PS II y la PS I durante la senescencia, Grover *y otros* (1986) encontraron un aumento transitorio de la actividad de la PS II en base a la unidad de Chl en los tilaquidos aislados de las hojas de trigo desprendidas durante la senescencia. La naturaleza de este aumento de la actividad de la PS I sigue siendo desconocida. La mayor pérdida en el transporte de electrones de cadena entera que la de la PS II o la PS I fue observada por Sabat *y otros* (1985). La mayor disminución en el transporte de electrones de cadena entera durante la senescencia parece deberse a la participación de los dos portadores de electrones móviles, la plastoquinona (PQ) y la ficocianina (PC) (Holloway *y otros* 1983, Sabat *y otros* 1985).Esto ha sido corroborado además por Prakash *y otros* (1998) a partir de la observación de que la parte aceptante de la PS II y la parte donante de la PS I se vieron afectadas al percibir las hojas de cotyldonary del pepino, ya que los cambios en la sensibilidad de la PS II a los inhibidores como la atrazina y la dibromoquinona y la sensibilidad de la PS I a la KCN acompañaron a los cambios en las actividades de la PS II y la PS I.

No se ha descartado la posibilidad de que la velocidad de difusión de la PQ entre la PS II y el Cyt f pueda limitar la velocidad de transporte de electrones fotosintéticos, ya que toda la actividad de transporte de electrones en cadena se logra mediante la actividad de transporte lateral de electrones, especialmente por la PQ y la PC (Haehnel 1984). De esto se desprende claramente que la fluidez de las bicapas lipídicas del thylakoid debería disminuir con el progreso de la senescencia. Sin embargo, Mc Rae *y otros* (1985) demostraron que la pérdida del transporte de electrones fotosintéticos debido a las alteraciones estructurales de las hojas de frijol primarias de senescencia que los cambios en los portadores de transporte de electrones fotosintéticos pero no debido a las alteraciones en la fluidez de la membrana del thylakoid.

Bricker y Newman (1982) encontraron en los cloroplastos aislados de la soja madura y senescente cotiledones, menos cantidad de complejos de proteína P700 Chl *a durante la* senescencia que la cantidad de complejos de proteína Chl asociados con la PS II. La pérdida de actividad de la PS I es mayor que la de la PS II en su estudio. Sin embargo, no se encontró ningún cambio en la cantidad de polipéptidos del centro de reacción de la PS I y el factor de acoplamiento por Ben-David *y otros* (1983). El fotosistema II es más susceptible a la degradación que la PS I (Grover y Mohanty 1991). La pérdida de actividad de la PS II durante la senescencia de la hoja se ha atribuido a alteraciones en el lado oxidante (Chowdary e Imaseki 1990; Swamy *y otros,* 1995) y/o el centro de reacción (Joshi *y otros* 1993; y Prakash *y otros,* 1999) o en el lado reductor de la PS II (Prakash *y otros, 1999).* Los dos donantes de electrones exógenos, Mn, DPC apoyaron la reacción de Hill en hojas de cebada separadas y senescentes que se mantuvieron en la oscuridad durante 4 y 7 días respectivamente, lo que sugiere una interrupción secuencial de la función de los sitios entre el $H2O$ y el centro de reacción de la PS II (Biswal y Mohanty 1976). Prakash *y otros* (1999) encontraron una disminución del 27% en las antenas funcionales de PS II y del 30% en las unidades funcionales de PS II durante la senescencia de los cotiledones de pepino. Roberts *y otros* (1987) han demostrado la síntesis continua de una proteína herbicida de 32 kDa durante la senescencia y la disminución de la formación de a y в subunidades de ATPasa, el polipéptido del centro de reacción PS I de 68 kDa, el complejo Cyt b6f, y la apoproteína estructural del LHC II. Se ha demostrado que los niveles de estado de estudio de la proteína D1 disminuyen durante la senescencia (Prakash *y otros,* 1999), que es más rápida que la del Cyt f (Reddy *y otros,* 1997). Durante la fase posterior de la senescencia de la hoja Reddy et *al* (1997), han mostrado la degradación del LHC II. El agotamiento más rápido del Cyt b6/f durante la senescencia ha sido demostrado por el análisis de Western blot (Roberts *et al.,* 1987).Shinhara y Murakami (1996) han encontrado la degradación de los complejos PS I y Cyt b6/f antes de la PS II durante el período inicial de la senescencia. Parece que la pérdida de componentes estructurales de las membranas del tiroides limita el transporte de electrones durante la senescencia de las hojas.

Fotofosforilación

La eficiencia de la fotofosforilación disminuye notablemente durante la fase de senescencia de la hoja. (Hernández Gil y Schaedle 1973). La reducción en la eficiencia de la fotofosforilación resulta de la disminución de la actividad de la ATP sintasa o H+ - ATPasa en los sistemas de senescencia (Biswal y Mohanty 1976). Se ha informado de que la tasa de síntesis de las subunidades a y в de la ATPasa ha disminuido en las hojas de frijol de senescencia (Roberts *y otros*, 1987). En contraste con las observaciones, Ben-David y *otros* (1983) no encontraron ningún cambio en la cantidad de polipéptidos del factor de acoplamiento.

La asimilación del CO_2

Durante la senescencia, las enzimas involucradas en la fijación del CO_2 muestran cambios tanto cuantitativos como cualitativos (Hermann y feller 1998). La ribulosa 1,5-bis fosfato carboxilasa / oxigenar (RuBISCO) (EC 4.1.1.39), que es la proteína más abundante en el estroma de los cloroplastos, cataliza el primer paso de la asimilación fotosintética del CO_2 y representa del 40 al 55% de la proteína soluble y del 20 al 30% del nitrógeno total de la hoja (Makino *et al.*, 1985). Una relación directa entre la tasa de fotosíntesis y el nivel de enzimas se ha reportado en las hojas senescentes. Los estudios sobre el mutante de estadía-verde de *Festuca pratensis* revelaron que todas las alteraciones inducidas por la senescencia no están estrictamente relacionadas entre sí, ya que la retención de clorofila por las hojas mutantes senescentes da lugar a una mayor absorción de luz que en las hojas correspondientes del tipo silvestre, mientras que la tasa de asimilación de CO_2 y el contenido de RuBISCO del mutante y del tipo silvestre disminuyen de manera similar durante la senescencia de la hoja (Sourin *y otros*, 1995;

Hauck *y otros*, 1997). Williams y Kennedy (1978) encontraron una pérdida preferencial de la actividad de RuBISCO en el *maíz Zea* durante la senescencia cuando compararon las actividades de varias enzimas celulares en las etapas joven, madura y senescente del desarrollo de la hoja. Una disminución similar de la actividad de esta enzima se ha observado también en varias otras especies de plantas (Grover 1993).

Formas de oxirradicales tóxicos mediadas por la senescencia y el papel de los antioxidantes:

Una de las paradojas de la vida en las plantas es que la molécula de oxígeno no sólo es esencial para el metabolismo de la energía y la respiración, sino que también puede ser peligrosa debido a su larga existencia (Bandopadhyay *et al.*, 1999). Por lo tanto, vivir en un mundo rico en O2 conlleva el riesgo de estrés oxidativo, el equilibrio entre las capacidades oxidativas y antioxidantes determinan el destino de la planta (Halliwell y Gutteridge, 2006). Cualquier desequilibrio en la homeostasis del redox celular da lugar a la producción de especies reactivas de oxígeno (ROS) como el oxígeno singlete (O2'), el radical superóxido (O2·), el peróxido de hidrógeno (H2O2), el radical hidroxilo (OH·) (Khan y Patra, 2007). Los ROS también se generan en las células vegetales durante los procesos metabólicos normales (Fridovich, 1995). Algunas son altamente tóxicas y se desintoxican rápidamente por diversos mecanismos celulares enzimáticos y no enzimáticos (Pandhir y Sekhon, 2006).

Los ROS realizan funciones beneficiosas (H2O2) o deletéreas (O2· y OH·) en la célula para cumplir algunas funciones fisiológicas como la transmisión de señales de alarma y la inducción de genes de defensa para sintetizar antioxidantes (Vranova *et al.*, 2002). Estos radicales libres también pueden contribuir a la iniciación de la senescencia durante los procesos normales de desarrollo (Bhattacharjee, 2005). Los ROS se consideran moléculas de señalización versátiles utilizadas para percibir el estrés (Bogdan, 2001). Los principales componentes celulares susceptibles de ser dañados por los radicales libres son las proteínas (oxidación), los lípidos (peroxidación de los ácidos grasos insaturados en las membranas, lo que provoca cambios en la permeabilidad de las membranas), los hidratos de carbono (la oxidación produce dicarbonilos que reaccionan con las proteínas dañadas mediante reacciones de reticulación y condensación) y los ácidos nucleicos (purinas y bases de piramidina) (Krieger-Liszkay, 2005).

Las ERO se producen principalmente en orgánulos (cloroplasto, mitocondrias y peroxisomas) en los que hay un intenso flujo de electrones (Bhattacharjee, 2005; Krieger-Liszkay, 2005). La producción incontrolada de SRO perturba los sistemas de transporte de electrones en los cloroplastos y las mitocondrias (Candan y Tarhan, 2005). En los cloroplastos, el sistema de transporte de electrones fotosintético es uno de los generadores intracelulares importantes del SRO, especialmente de $^{1}O2$, O2· y OH· durante el proceso primario de fotosíntesis (Asada, 1994; Pandhair y Sekhon, 2006) (Fig. 11).

:

Los pigmentos Chl asociados al sistema de transporte de electrones son las fuentes primarias de $^1O_2$, que también pueden surgir como producto de la actividad de la lipoxigenasa (Arora et al., 2002). El peligroso estado trillizo del Chl puede reaccionar con el $^3O_2$ para producir el muy reactivo $^1O_2$ si no existen apagadores eficientes (Krieger-Liszkay, 2005). Hay dos estrategias de defensa contra el $^1O_2$ en las membranas del tiroides (Arora et al., 2002). La primera es la regulación del aparato de recolección de luz para minimizar la producción de Chl en los tripletes y la segunda es el rápido enfriamiento del estado de Chl en los tripletes y del $^1O_2$ por medio de apagadores de membrana. El $^1O_2$ puede transferir su energía de excitación a otras moléculas biológicas o reaccionar con ellas, formando endoperóxidos o hidroperóxidos (Halliwell y Gutteridge, 1989). El $^1O_2$ es altamente destructivo, ya que al reaccionar con moléculas biológicas como proteínas, lípidos o pigmentos induce la pérdida de la actividad de la PS II (Aro et al., 1993). Trebst (2002) aportó pruebas de que el $^1O_2$ es la importante especie dañina durante la fotoinhibición en las células de *Chlamydomonas reinhardtii*. La destrucción controlada de la proteína D1 parece ser una atractiva válvula de seguridad para desintoxicar el $^1O_2$ directamente en el lugar de su generación (Trebst et al., 2003).

:

La foto-reducción de O2 en los cloroplastos se demostró por la producción de acetaldehído en presencia de etanol y catalasa (CAT) y se supuso que el producto foto-reducido era H2O2 (Mehlar, 1951). Posteriormente, el producto primario reducido se identificó como el $O_2^{\cdot-}$ (Arora et al., 2002). Hay dos sitios de producción de $O_2^{\cdot-}$ en el lado reductor de la PS I (Badger, 1985). El H2O2 se forma entonces a través de la dismutación del O2. Esta última ocurre espontáneamente, pero la velocidad de la reacción aumenta enormemente por la superóxido dismutasa (SOD). El $O_2^{\cdot-}$ es moderadamente reactivo, ROS de corta vida con una vida media de aproximadamente 2-4 p.s (Foyer y Harbinson, 1994). El $O_2^{\cdot-}$ es reactivo en el ambiente hidrofóbico de la membrana (Bhattacharjee, 2005) y para su eficiente destrucción las células vegetales requieren la acción concentrada de antioxidantes (Manivannan et al., 2007).

Peroxidación de lípidos

La descomposición de las membranas y la biosíntesis del etileno parecen estar estrechamente vinculadas y parecen estar implicadas en la producción de radicales libres (Carlos *et al.,* 1996). Los radicales tóxicos pueden eliminarse tanto enzimática como químicamente para proteger las células vegetales contra la toxicidad del O2 y contrarrestar los peligrosos efectos del ROS en situaciones de estrés (Gratao *et al.,* 2005). Los estudios realizados con *Dianthus caryophyllus* indican que la senescencia puede retardar la peroxidación mediante la neutralización de los radicales libres (Borochov *y otros,* 1997). La inhibición de las explosiones de etileno retarda la peroxidación de los lípidos (LPO) y prolonga la vida útil, lo que sugiere una relación entre la generación de radicales libres y la producción de etileno.

La LPO es una característica inherente a la senescencia de las células (Bhattacherjee, 2005). Es una reacción en cadena destructiva y puede dañar directamente la estructura de las membranas (Dewir *et al., 2005)*. Los productos metabólicos pueden afectar gravemente a la integridad funcional y estructural de las membranas biológicas, lo que da lugar a un aumento de la permeabilidad de la membrana plasmática, que provoca la fuga de iones (Khan y Patra, 2007). La membrana tiroides, que contiene lípidos insaturados considerables, es uno de los principales sitios de daño oxidativo por la LPO (Manivannan *y otros,* 2007). Durante la senescencia de la hoja de la col se observaron niveles relativos reducidos de Chl y proteínas solubles con una disminución de la proporción de AGPI/AGS PL con una mayor actividad de lipoxigenasa (Cheour *y otros,* 1992; Foued *y otros,* 1992).

Antioxidantes en las plantas

Las plantas poseen eficientes sistemas de defensa antioxidante para buscar el ROS y proteger las plantas (Bhattacharjee, 2005). Varios antioxidantes enzimáticos y no enzimáticos están presentes en los cloroplastos para controlar la toxicidad del O2 (Smirnoff, 1993; Foyer *et al.,* 1994; Asada, 1999). El grado de daño depende del equilibrio entre la formación de ROS y su eliminación por los sistemas antioxidantes (Hernández y Almansa, 2002; Umar *et al.,* 2007). Los antioxidantes se producen en las hojas y protegen a las plantas de los daños mediante el enfriamiento de los radicales libres. Las hojas más viejas suelen contener una menor concentración de antioxidantes y enzimas antioxidantes, exhibiendo una menor capacidad de respuesta al aumento del estrés oxidativo que las hojas más jóvenes (Ohe *y otros,* 2005). Los antioxidantes sirven para mantener bajos los niveles de radicales libres, lo que les permite desempeñar funciones biológicas útiles sin sufrir demasiados daños (Halliwell y Gutteridge, 2006). Los antioxidantes se distribuyen de manera diferente entre las células del envoltorio y las del mesófilo en las hojas de maíz (plantas C4), mientras que en las plantas C3 la fotorrespiración es esencial para la protección del aparato fotosintético contra los daños fotooxidativos (Pastori y otros, 1998). El análisis bioinformático de las relaciones entre estructura y actividad en los antioxidantes puede contribuir a la búsqueda de antioxidantes eficaces en condiciones de estrés (Oliver *et al.,* 2004). En condiciones controladas, el sistema de defensa de los antioxidantes proporciona una protección adecuada contra las especies activas de O2 y los radicales libres (Asada y Takahashi, 1987).

Las plantas contienen sistema antioxidante en todos los compartimentos subcelulares, incluido el espacio apoplástico. Esto muestra grandes cambios durante el ciclo de vida de la germinación de la planta, la aparición de follaje joven, la expansión, la madurez, la sensibilidad y la muerte (Pandhair y Sekhon, 2006). Las enzimas protectoras y los antioxidantes están presentes de manera constituyente en las plantas y la capacidad de este sistema responde a factores intrínsecos y extrínsecos. El mejoramiento de los sistemas antioxidantes en las plantas tiene el potencial de aumentar la producción agrícola, la calidad con implicación para la regulación de la fotosíntesis (Ward, 2001). El complejo sistema de defensa antioxidante de las plantas está compuesto por enzimas antioxidantes [es decir, ascorbato peroxidasa (APX), SOD, CAT y glutatión reductasa (GR)] y metabolitos [es decir, ácido ascórbico (ASA), glutatión reducido (GSH), glutatión oxidado (GSSG) y vitamina E]. (Sairam *y otros,* 2002; Gratao *y otros,* 2005). En la mayoría de las plantas superiores, las algas y algunas bacterias, las isozimas APX, SOD, POX y CAT se distribuyeron en cuatro compartimentos celulares distintos: cloroplasto, microcuerpos (incluidos el glioxisoma y el peroxisoma), mitocondrias y citosoma y (incluidos los estomas y el tiroides), (Shigeoka et al., 2002; Kim et al., 2004; Park *et al., 2004*).

:

Retrasar la senescencia de las hojas tiene aplicaciones agronómicas. Se ha informado de que varios cationes inorgánicos retrasan la senescencia. El tratamiento con cloruro de cobalto en las flores de caléndula y crisantemo prolonga su vida útil (Yu y Yang 1979; Geetha Chandra *y otros*, 1981). El pretratamiento con AgNo3 y el enriquecimiento del CO2 atmosférico reduce la pérdida de clorofila en los discos de las hojas (Aharoni nad Liebermann 1979). Sin embargo, se ha demostrado que el nitrato de plata interfiere en la acción del etileno (Beyer 1976). Poovaiah y Leopold (1973) han informado que la adición de calcio retrasó la senescencia de los discos de hojas de maíz y 'Rumex' durante la incubación oscura *in vitro* y sugirió que el tratamiento con calcio estabilizaba la organización de la membrana celular. Se demostró que el efecto del calcio en combinación con la bencil adenina (BA) en la organización de la PS II durante la senescencia de los discos de hojas de guisante de vaca incubados en la oscuridad era un aditivo (Swamy *et al.,* 1995). También se demostró que el calcio retrasaba la producción de etileno y la pérdida de clorofila (Ferguson *et al.,* 1983). El Al+3 , que es uno de los elementos abundantes en la tierra, estimula la evolución del oxígeno mediado por la PS II en las cianobacterias y los cloroplastos aislados (Wavare y Mohanty 1983).

Las poliaminas [Putrescina, Espermidina y Espermatozoide] son ubicuas en las células de las plantas superiores. Se presentan en forma libre como cationes, pero a menudo se conjugan con pequeñas moléculas como los ácidos fenólicos y también con varias macromoléculas. Cada vez hay más pruebas de que las poliaminas pueden actuar como agentes de antisenescencia (Galston et al., 1982). Los estudios sobre protoplastos aislados de hojas de avena revelaron que la adición de poliaminas al medio causa la síntesis neta de proteínas, ARN y ADN durante la senescencia (Kaur-sawhney *y otros,* 1980). Las poliaminas exógenas retardan la degradación de las proteínas, inhiben la pérdida de clorofila, estabilizan las membranas del cloroplasto timoide en las hojas de avena sometidas a estrés osmótico (Besford y otros, 1993) y reducen al mínimo el aumento de la actividad de la ribonucleasa durante la senescencia de las hojas desprendidas. En cambio, las poliaminas aumentan la disminución de la actividad de las PS I y PS II, al tiempo que estabilizan la organización de la membrana timoidea (Cohen *y otros*, 1979; Popovic *y otros,* 1979). El tratamiento con poliaminas causa la retención de clorofila en los discos de las hojas de cebada y la pérdida de proteína soluble (Popovic *y otros, 1979*). Ca+2 (1-10 mM) disminuye la acción de las APs en la conservación de la clorofila en la oscuridad, lo que indica la fijación iónica (Altman 1982; Cheng y Kao 1983; Kaur- Sawhney y Galston 1979). Muhitch (1983) observó que la putrescina y el cadmio a 1 mM y la espermidina y el espermatozoide a 0,01 uM, retrasaron la senescencia de los cultivos de suspensión de rosa escarlata de Paul. La correlación entre los efectos de la interacción de las poliaminas en los cambios estructurales de las proteínas y en la actividad fotosintética de la PS II ha sido realizada por Bograh *et al* (1997). Ellos han demostrado que el aumento de la concentración de poliaminas causa alteraciones permanentes de la estructura secundaria de la proteína con una disminución del dominio helicoidal del 47% (PS II no compleja) al 30% (complejos catiónicos) y un aumento de la estructura de la hoja в del 18% (PS II no compleja) al 29% (complejos catiónicos). En una concentración muy baja, se informó de que las poliaminas mostraban un efecto positivo de la actividad fotosintética y la evolución del oxígeno (Kotzabasis *y otros,* (1993), Beigbeder 1995).

Los otros compuestos que tienen una función reguladora en muchos de los procesos fisiológicos durante la senescencia de las hojas en las plantas son las citoquininas. Se sabe que las citoquininas retrasan la senescencia de las plantas (Dyer *y otros,* 1971; Van staden y otros, 1988; y Smart *y otros,* 1991). La kinetina (citoquininas) ayuda a mantener la organización de la membrana y la función de los orgánulos celulares bajo estrés (Thomas y Stodart , 1980 Biswal et *al.,* 1988; Swamy *et al.,* 1995). Choudhury y Choe (1996) sugirieron que la acción fotoprotectora de la citoquinina posiblemente mediada por la zeaxantina . Se informó de que el BA mostraba el efecto sinérgico con el calcio en la organización y función estabilizadora de la PS II durante la senescencia de los dics de las hojas de frijol mungo incubados en la oscuridad (Swamy *et al.,* 1995). El efecto retardador de la senescencia de las citocininas puede causar la represión de los genes inducidos por la senescencia (Martin y Thimann 1972; Miller y Huffaker 1985) y retrasar el proceso de envejecimiento.

Conclusión:

Los estudios fisiológicos, bioquímicos y moleculares de la senescencia de las hojas muestran los cambios altamente coordinados en la estructura de las células, el metabolismo y la expresión de los genes. Esta senescencia puede ser retrasada por la aplicación de fitohormonas, iones metálicos y poliaminas. Cuando se aplican en combinación se esperan resultados más prometedores. Además, se producen cambios en varias enzimas antioxidantes, de peróxido, de filo por oxidasa durante la senescencia, que pueden utilizarse como marcador del inicio de la senescencia.

:

- Aharoni.N. y Lieberman, M. (1979) Ethylene as a regulator of senescence in tobacco leaf discs. *Fisiología de la planta.* 64:801-804.

- Altman, A., (1982) Retardo de la senescencia de la hoja del rábano por poliaminas. *Physiol. Plant.*54:189-193.

- Aro, E. M., Virgin, I. y Andersson, B. (1993). Photoinhibition of PS II inactivation, protein damage and turnover. *Biochim. Biophys. Acta.* **114:** 113-134.

- Arora, A., Sairam, R. K. y Srivastava, G. C. (2002). Oxidative stress and antioxidative system in plants. *Curr. Sci.* **82:** 1227-1238.

- Asada, K. (1994). Causas de estrés foto-oxidativo y mejora de los sistemas de defensa de las plantas. En: C. H. Foyer y P. M. Mullineaux, (eds.), pp. 77-104. CRC Press, Boca Ratón.

- Asada, K. (1999). The water-water cycle in chloroplasts: scavenging of active oxygens and disipation of excess photons. *Ann. Rev. Plant Physiol. Plant Mol. Biol.* **50:** 601-639.

- Asada, K. y Takahashi, M. (1987). Photoinhibition: Temas en la fotosíntesis. En: D. J. Kyle, C. B. Osmond y C. J. Arnten, (eds.), Vol. 9, pp. 227-287. Elsevier, Amsterdam.

- Badger, M. R. (1985). Intercambio de oxígeno fotosintético. *Ann. Rev. Plant Physiol.* **36:** 27-53.

- Bandopadhyay, U., Das, D. y Banerjee, R. K. (1999). Especies de oxígeno reactivo. Oxidative damage and pathogenesis. *Curr. Sci.* **17:** 658-666.

- Beigbeder A. R.Vavadakis, M., navakoudis, E. y Kotzabasis, K. (1995) Influencia de los inhibidores de poliaminas en la biosíntesis de la clorofila independiente de la luz y en la tasa de fotosíntesis. *J Photochem Photobio.* 28: 235-242.

- Ben-David, H. Nelson,N., y Gepstein,S. (1983) Cambios diferenciales en la cantidad de complejos proteicos en la membrana del cloroplasto durante la senescencia de las hojas de avena y frijol. *Plant Physiol.* 73: 507-5 10.

- Besford, R.T., Richardson, CM., Campos, J.L. y Tiburcio, A.F. (1993). Effects of polyamines on stabilization of molecular complexes in thylakoid membranes of osmotically stressed oat leaves. - *Planta* 189:201-206.

- Beyer, E.M. (1976) Un potente inhibidor de la acción del etileno en las plantas. *Fisiología de las plantas.* 58: 268-271.

- Bhattacharjee, S. (2005). Especies reactivas de oxígeno y explosión antioxidante: Roles en el estrés, la senescencia y la transducción de señales en las plantas. *Curr. Sci.* **89:** 1113-1121.

- Biswal, B. (1995). Catabolismo de carotenoides durante la senescencia de la hoja y su control por la luz. *J. Photobiol. (B) Biology.* **30**: 3-13.
- Biswal, B. y Biswal, U. C. (1999). Senescencia de la hoja: fisiología y biología molecular. *Curr. Sci.* **77:** 775-782.
- Biswal, B., Rogers, L. J., Smith, A. J. y Thomas, H. (1994). Composición de los carotenoides y su relación con la clorofila y la proteína D1 durante el desarrollo de la hoja en un cultivar de senescencia normal y un mutante de *Festuca pratensis que permanece verde. Fitoquímico.* **37:** 1257-1262.
- Biswal, U. C. y Biswal, B. (1988). Modificaciones ultraestructurales y cambios bioquímicos durante la senescencia de los cloroplastos. *Int. Rev. Cytol.* **113: 271-**321.
- Biswal, U. C., Kasemir, H.y Mohr . H. (1982).Control del fitocromo del desverdizado de los cotiledones adheridos y las hojas primarias de las plántulas de mostaza (Sinapis alba L). *Fotoquímica. Photobiol.*35:237-241.
- Biswal, U.C., Bergfeld, R, Kasemir, H. (1983) Retraso mediado por fitocromo de la senescencia plástica en cotiledones de mostaza: cambios en el contenido de pigmentos y en la ultraestructura. *Planta* 157: 85-90.
- Biswal. U.C.,Mohanty, P. (1976)Aging induced changes in photosynthetic electron transport of distached barley leaves *Plant Cell Physiol.* 17; 323332.
- Bogdan, C. (2001). Nitricoxide and the regulation of gene expression. *Trends Cell Biol.* **11:** 66-75.
- Bograh, A.,Gingras, Y., Tajmir-Riani, H.A. y Carpentier, R.(1997) The effects of spermine and spermidine on the structure of photosystem II protein in relation to inhibition of electron transport. *FEBS Lett.* **402:**41-44.
- Borochov, A., Spiegelstein, H. y Philosoph-Hadas, S. (1997). Ethylene and flower petal senescence. Interrelación con el catabolismo lipídico de la membrana. *Physiol. Plant.* **100:** 606-612.
- Bricker, T. M. y Newman, D. W. (1982). Changes in the chlorophyll, proteins and electron transport activities of soyabean (*Glycine max* L.) cotyledons. *Photosynthetica* **16:** 239-244.
- Buchanan-Wollaston, V. y Ainsworth, C. (1997). Leaf senescence in *Brassica napus*: Clonación de genes relacionados con la senescencia mediante hibridación sustractiva. *La planta Mol. Biol.* **33:** 821-834.
- Burke, J. J., Kalt-torres, W., Swafford, J. R., Burton, J. W., y Wilson, R. F. (1984)

Studies on Genetic Male-Sterile Soybeans'III. La iniciación de la senescencia monocarpica. *Plant Physiol.* 75, 1058-1063.

- Candan, N. y Tarhan, L. (2005). Effects of calcium stress on contents of chlorophyll and carotenoid, LPO levels and antioxidant enzzyme activities in *Mentha. J. Plant Nutri.* **28:** 127-139.

- Carlos, G., Bartoli, M., Montaldi, S. E. y Puntarulo, S. (1996). Estrés oxidativo, capacidad antioxidante y producción de etileno durante el envejecimiento de los pétalos de clavel cortado (*Dianthus caryophyllus*). *J. Exp. Bot.* **47:** 595-601.

- Castillo, F. J. y Greppin, H. (1988). Extra cellular ascorbic acid and enzme activities related to ascorbic acid metabolism in *Sedum album* L. after ozone exposure. *Environ. Exp. Bot.* **26:** 231-238.

- Chandlee, J. M. (2001). Current molecular understanding of the genetically programmed process of leaf senescence. *Physiol. Planta.* 113: 1-8.

- Cheng, S.H., y Kao, C.H. (1983) Localized effects of polyamines on chlorophyll loss. *Plant Cell Physiol* 24:1463-1467.

- Cheour, F., Arul, J., Makhlouf, J. y Willemot, C. (1992). Delay of membrane lipid degradation by calcium treatment during cabbage leaf senescence. *Plant Physiol.* **100:** 1600-1656.

- Choudhury, N.K., Choe, H.T., (1996) Efecto fotoprotector de la kinetina sobre el contenido de pigmentos y las actividades fotoquímicas del envejecimiento del cloroplasto del trigo *in vitro. Biol. Planta.* **38(1):**61-69.

- Choudhury, N.K., Imaseki, H. (190) Pérdida de las funciones fotoquímicas de las membranas del timoide y del complejo del fotosistema II durante la senescencia de las hojas de cebada desprendidas. *Fotosintética.* **24 (3):**436-445.

- Cohen, A.S., Popovic, R.B., y Zalik, S. (1979) Effects of polyamines on chlorophyll and protein content, photochemical activity, and chloroplast ultrastructure of barley leaf discs during senescence. *Plant Physiol* 64: 717720.

- Dewir, Y. H., Chakrabarty, D., Ali, M. B. Hahn, E. J. y Paek, K. Y. (2005). Lipid peroxidation and antioxidant enzyme activities of *Euphobia milli* hyperhydric shoots. *Environ. Exp. Bot.* **54:** 275-285.

- Dyer, T.A. y Osborne, D.J. (1971) Leaf nucleic acids. II metabolismo durante la senescencia y el efecto de la kinetina. *J.exp.bot.* **22:**552-560.

- Ferguson,I.B. , Watkins,C.B. y Harman, J.E. (1983) Inhibición por el calcio de la senescencia de los cotiledones de pepino desprendidos: Efecto sobre la producción de etileno e hidroperóxido. Plant Physiol. **71:** 182-186.

- Foued, C., Joseph, A., Joseph, M. y Claude, W. (1992). Retraso de la degradación de los lípidos de la membrana por el tratamiento de calcio durante la senescencia de la hoja de col. *Plant Physiol.* **100:** 1656-1660.

- Foyer, C. H. y Harbinson, J. (1994). Oxygen metabolism and regulation of photosynthetic electron transport. In: C. H. Foyer y P. M. Mullineauex, (eds.), Causas de estrés fotooxidativo y mejora de los sistemas de defensa de las plantas, pp. 1-13. CRC Press, Boca Ratón.

- Foyer, C. H., Descourvieres, P. y Kunert, K. J. (1994). La protección contra los radicales de oxígeno es un importante mecanismo de defensa estudiado en las plantas transgénicas. *Entorno celular de la planta.* **17:** 507-523.

- Fridovich, I. (1995). Radical de superóxido y superóxido dismutasas. *Ann. Rev. Biochem.* **64:** 97-112.

- Galston, A. W. y Kaur -Sawhney, R.(1982) Polyamines: are they a new class of plant growth regulators - In : Wareing, P.F.(ed). Plant growth substances.Academic Press, London Pp 451-461

- Geetachandra, Reddy, K. S. y Mohan Ram, H. Y. (1981). Extensión de la vida útil de las flores de caléndula cortada y crisantemo mediante el uso de cloruro de cobalto, Indian *J. Exp. Bot.* **19:** 150-154.

- Gratao, P. L., Polle, A., Lea, P. J. y Azevedo, R. A. (2005). Making the life of heavy metal-stressed plants a little easier. *Functional Plant Biol.* **32:** 481-494.

- Grover, A. (1993). ¿Cómo pierden las hojas senescentes la actividad fotosintética? *Curr. Sci.* **64:** 226-234.

- Grover, A. y Mohanty, P. (1991). La senescencia de la hoja indujo alteraciones en la estructura y función del cloroplasto de la planta superior. En Abrol , V.P. Wattal,A.,Gnanam,A., Govindjee,ort,D.R.,Teramura,A.H.(ed): *Proceedings of Global climatetic changes in plant productivity.* Prensa académica, Nueva Delhi. Pp .227-235.

- Grover, A., Sabat, S.C., Mohanty, P. (1986) Effect of temperature on photosynthetic activities of senescing distached wheat leaves. - *Plant Cell Physiol.* **27:** 117-126.

- Haehnel W (1984) Transporte fotosintético de electrones en plantas superiores. *Ann Rev Plant Physiol* **35:** 659-693.

- Halliwell, B. y Gutteridege, J. M. C. (2006). Free radicals in biology and medicine. ED4 Clarendon Press, Oxford.

- Halliwell, B. y Guterridge, J. M. C. (1989). Radicales libres en biología y medicina. Oxford University Press, Oxford.

- Harding, S. A., Guikema, J. A. y Paulsen, G. M. (1990). Declive fotosintético debido al estrés por altas temperaturas durante la maduración del trigo. Interacción con los procesos de senescencia. *Plant Physiol.* **92:** 648-653.

- Hartenstein, S. y Feller, U. (2002). Nitrogen metabolism and remobilization during senescence. *J. Exp. Bot.* **53:** 927-937.

- Hashimoto, H., Kaur-Hotta, M. y Katoh, S. (1989). Changes in protein content and in the structure and number of chloroplsts during leaf senescence in rice seedling. *Plant Cell Physiol.* **30:** 707-715.

- Hauck, B., Gay, A. P., Macduff, J.,Griffths, C. M. y Thomas, H.(1997) Leaf senescence in a non-yellowing mutant of *Festuka Pratensis*: implications of the stay-green mutation for photosynthesis,growth and nitrogen nutrition nutrition . Entorno celular de la *planta*. **20:** 1007-1018

- Hermann, B. y Feller, U. (1998) El CO2 y la temperatura influyen en la senescencia y la degradación de la proteína en los segmentos de la hoja de trigo. *Physiol. Planta.* 103:320-326.

- Hernadez-Gil,R. y Schaedle,M.(1973).Cambios funcionales y estructurales en la senescencia *del* cloroplasto de *los deltoides poblados* (Barts). *Fisiología de la planta.* **51:**245- 249

- Hernández, J. A., y Almansa, M. S. (2002). Efectos a corto plazo del estrés salino en los sistemas antioxidantes y las relaciones hídricas de las hojas de los guisantes. *Physiol. Planta.* **115:** 251-257.

- Holloway, P. J. Maclean, D.J. y Scott, K. J. (1983) Pasos limitantes del transporte de electrones en los cloroplastos durante la ontogenia y senescencia de la cebada. *Plant Physiol.* **72:** 795-801.

- Hortensteiner, S. Vicentini, F. y Matile, P. (1995). Chlorophyll breakdown in senescent cotyledons of rape, *Brassica napus* L.: Enzymatic cleavage of pheophorbide *a in vitro. New Phytol.* **129:** 237-246.

- Hortensteiner, S., Wuthrich, K. L., Matile, P., Onganie, K. H. y Krautler, B. (1998). The key steps in chlorophyll breakdown in higher plants. La ruptura del feoforburo *un macrociclo* por una mono-oxigenasa. *J. Biol. Chem.* **271:** 15335-15339.

- Huckmani, P. y Tripathy, B. C. (1994). Reacciones sintéticas de la clorofila durante la senescencia de la cebada extirpada. *Plant Physiol.* **105:** 1295-1300.

- Jakob-Wilk, D., Holland, D., Goldschmidt, E. E., Riov, J. y Eyal, Y. (1999). Descomposición de la clorofila por la clorofilasa: Aislamiento y expresión funcional del gen de la clorofilasa 1 de los cítricos tratados con etileno y su regulación durante el desarrollo. *La planta J.* **20:** 653-661.
- Jenkins, G.I. y Woolhouse, H.W. (1981). Transporte fotosintético de electrones durante la senescencia de las hojas primarias de *Phaseolus vulgaris*. L. II. La actividad de PS I y II y una nota sobre el sitio de reducción del ferricianuro. *J. Exp. Bot.* **32:** 989-997.
- Joshi, P. N., Ramaswamy, N. K., Raval. M. K., Desai, T. S., Nair, P. M. y Biswal, U. C. (1993). Alteraciones en la fotoquímica PS II de los thylakoides aislados de las hojas de senescencia de las plántulas de trigo. *J. Photochem. Photobiol.* **20:** 197-202.
- Joshi, P. N., Ramaswamy, N. K., Raval. M. K., Desai, T. S., Nair, P. M. y Biswal, U. C. (1993). Alteraciones en la fotoquímica PS II de los thylakoides aislados de las hojas de senescencia de las plántulas de trigo. *J. Photochem. Photobiol.* **20:** 197-202.
- Kaur-Sawhney, R. y A. W. Galston (1979) Interacción de las poliaminas y la luz en los procesos bioquímicos que intervienen en la senescencia de las hojas. *Plant Cell Environ.* **2:** 189-196.
- Kaur-sawhney, R. Flores,H.E. y Galston, A.W. (1980) Síntesis de ADN inducida por poliaminas y mitosis en protoplastos de hojas de avena. *Plant Physiol.* **65:**68-371.
- Khan, M. H. y Patra, H. K. (2007). Sodium chloride and cadmium induced oxidative stress and antioxidant response in *Calamus tenuis* leaves. *Indian J. Plant Physiol.* **12:** 34- 40.
- Kim, Y. H., Kim, Y., Cho, E., Kwon, S., Bae, J., Lee, B., Meen, B. y Huh, G. H. (2004). Alteraciones en las actividades intracelulares y extracelulares de la enzima antioxidante durante el cultivo en suspensión del camote. *Fitoquímica.* **65:** 2471-2476.
- Krieger-Liszkay (2005). Producción de oxígeno singlete en la fotosíntesis. *J. Exp. Bot.* **56:** 337-346.
- Lwe, M. W. F., Takkanama, U. y Heber, U. (1993). *Plant Physiol.* **101:** 969-976.
- Makino, A., Mae, T. y Ohira, K. (1985). Phtosynthesis and ribulose 1-5 bis phospshate carboxylase/oxyganase in rice leaves from emergence through

senescence. Análisis cuantitativo por carboxilación / oxigenación y regeneración de la ribulasa -1, 5-bisfosfato. *Planta.* **166:** 414-420.

- Manivannan, P. C., Abdul Jaleel, A., Kishorekumar, B., Sankar, R., Somasundaram, R., Sridharan, y Panneerselvam, R. (2007). *Indian J. Plant Physiol.* **12:** 133-137.

- Martin, C., y Thimann K.V. (1972) The role of protein synthesis in the senescence of leaves.I . La formación de la proteasa. *Plant Physiol.* **49:** 6471.

- Matile, P. y Schellenberg, M. (1996). La división de la feoforburo *a* se encuentra en la envoltura de los gerontoplastos de cebada. *Plant Physiol. Biochem.* **34:** 55-59.

- Matile, P., Schellenberg, M. y Vicentini, F. (1997). Localización de la clorofilasa en la envoltura del cloroplasto. *Planta.* **201:** 96-99.

- Mc Rae, D. G., Chamber, J. A. y Thompson, J. E. (1985). Los cambios relacionados con la senectud en el transporte de electrones de la fotosíntesis no se deben a alteraciones en la fluidez del tiroides. *Biochim. Biophys. Acta.* **810:** 200-208.

- Mehlar, A. H., (1951). *Arch. Bioquímica. Biofísica.* **33:** 65-77.

- Miller, B.L. y Huffaker, R.C. (1985) Inducción diferencial de endoproteinasas durante la senescencia de las hojas de cebada adheridas y desprendidas. *Plant Physiol.* **78:** 442-446.

- Muhitch, M.J, Edwards, L.A. y Fletcher, J.S (1983) Influencia de los diamantes y las polaminas en la senescencia de los cultivos de suspensión de plantas. *Plant Cell Rep* **2:** 82-84.

- Ohe, M., Yoshiko, M. y Shigeru, (2005). *Sci. Access.* 10-20.

- Olive, M. J. Dowd, S. E. Zaragoza, J., Mauget, S. A. y Payton, P. R. (2004). *American Soc. Plant Biol. Annual Meeting Papar* 156.

- Pandhair, V. y Sekhon, B. S. (2006). Especies reactivas de oxígeno y antioxidantes en las plantas. *J. Bioquímica de las plantas. Biotech.* **15:** 71-78.

- Park, S. Y., Ryu, S. H., Jang, I. C., Kwon, S. Y. y Kwak, S. S. (2004). Molecular cloning of a cytosolic ascorbate peroxidase cDNA from cell cultures of sweet potato and its expression in response to stress. *Molecular Genetics and Genomi.* **271:** 339-346.

- Pastori, G., Foyer, C. H. y Mullineaux, P. (1998). *J. Exp. Bot.* **51:** 387.

- Poovaiah, B. W. y Leopold, A. C. (1973). Inhibición de la abcisión por el calcio. *Plant Physiol.* **51:** 848-851.

- Popovic, R.B, Kyle, D.J., Cohen, A.S. y Zalik, S. (1979) Estabilización de la membrana tiroides por la esperma durante la senescencia inducida por el estrés de los discos de hoja de cebada. *Plant Physiol* **64:** 721-726.

- Prakash JSS, Baig MA, Mohanty P (1998) Alternaciones en las características del transporte de electrones durante la senescencia de las hojas cotiledonarias de Cucumis. Análisis de los efectos de los inhibidores. Photosynthetica **35:** 345-352

- Prakash, J. S. S., Baig, M. A. y Mohanty, P. (1999). Alteraciones dependientes de la edad en el lado aceptador de PS II en la hoja cotiledonaria de *Cuucmis sativus* cotyledonary thylakoids: Análisis de las características de unión del herbicida (C 14) Atrazina. *J. Biophys de la India.* **36:** 10-13.

- Quirino, B. F., Noh, Y., Himelblau, E. y Amasino, R. M. (2000). Molecular aspects of leaf senescence. Trends *in Plant Sci.* **5:** 275-282.

- Reddy, G. (1986) Efecto combinado del estrés hídrico y el hundimiento reproductivo en los cambios fisiológicos y bioquímicos del guisante *DE VACA. Tesis doctoral.* Escuela de posgrado del Instituto de Investigación Agrícola de la India, Nueva Delhi (India).

- Reddy, M. S., Trivedi, P. K., Tuli, R. y Sane, P. V. (1997). Expresión de genes cloroplásticos durante la senescencia otoñal en un árbol caducifolio *Populus deltiodes. Bioquímica. Mol. Biol. Int.* **43:** 677-684.

- Roberts, D. R., Thompson, J. E., Dumbroff, E. B., Gepstein, S. y Mattoo, A. K. (1987). Cambios diferenciales en la síntesis y niveles de estado estable de las proteínas del thylakoid durante la senescencia de las judías. *Planta Mol. Biol.* **19:** 343-353.

- Rodoni, S., Muhlecker, W., Anderl, M., Krautler, B., Moser, D., Thomas, H. , Matile, P. y Hortensteiner, S. (1997). Descomposición de la clorofila en cloroplastos senescentes. Desglose de la feoforburo *a* en dos pasos enzimáticos. *Plant Physiol.* **115:** 669-676.

- Sabat, S. C., Grover, A. y Mohanty, P. (1985). Alteraciones en las características de la PS II y PS I catalizada por el transporte de electrones en cloroplastos aislados de hojas desprendidas de remolacha-espinaca (*Beta vulgaris*). *J. Exp. Bot. de la India.* **23:** 711-714.

- Sairam, R. K., Rao, K. V., Srivastava, G. C. (2002). Differential response of wheat genotype to long-term salinity stress in relation to oxidative stress, antioxidant activity and osmolyte concentration. *Plant Sci.* **163:** 1037-1046.

- Sandmann, G., Kuhn M., y Boger, P. (1993) Carotenoides en la fotosíntesis: Protección de la degradación de D1 en la luz. *Photosynth Res.* **35- (2):** 185-190.
  - Scheumann, V., Schoch, S. y Rudiger, W. (1999). La clorofila *b* reducción durante la senescencia de las plántulas de cebada. *Planta.* **209:** 364-370.
- Shigeoka, S., Ishikawa, T., Tamoi, M., Miyagawa, Y., Yabuta, Y. y Yoshimura, K. (2002). Regulation and function of ascorbate peroxidase isoenzymes. *J. Exp. Bot.* **53:** 1305-1319.
- Shinohara, K. y Murakami, A. (1996). Cambios en los niveles de los componentes del thylakoid en los cloroplastos de las agujas de pino de diferentes edades. *Plant Cell Physiol.* **37:** 1102-1197.
- Shioi, Y., Tomita, N., Tsuchiya, T. y Takamiya, K. (1996). Conversión de clorofilida en feoforburo por la sustancia desecante Mg en extractos de *Chenopodium album. Plant Physiol. Biochem.* **34:** 41- 47.
- Smart, C. M. (1994). Gene expression during leaf senescence. *New Phytol.* **126:** 418-449.
- Smart, C.M., Scofield, S.R., Bevan, M.W. y Dyer, T.A. (1991) Retraso de la senescencia de la hoja en plantas de tabaco transformadas con *tmr,* un gen para la producción de citoquinina en *agrobacterias. La célula de la planta.* **3:** 647-656.
- Smirnoff, N. (1993). The role of active oxygen in the response of plants to water deficit and desecation. *New Phytol.* **125:** 27-58.
- Sourin, N., Hauck, B., Gay. A., Vestíbulo, C . H.y Thomas.H.(1995) Fotosíntesis y disipación de la energía de la luz en hojas senescentes de hierba mutante bloqueadas en la degradación de la clorofila . *En Photosynthesis :from Llight to Biosphere*(ed.P.Mathis) Kluwer academic Publisher,Dorderecht. **3:** 953956.
- Sun, Z. Y., Duan, L. S., Han, B. W. y Liu, S. L. (1998). Stereological changes of chloroplast ultrastructure and the effect of 6-benzylamino- purine during wheat leaf senescence. *Acta. Agronomica. Sinica.* **24:** 816820.
- Swamy, P. M., Murthy, S. D. S. y Suguna, P. (1995). Retardación de las alteraciones invitro inducidas por la oscuridad en la organización PS II de los discos de la hoja del caupí mediante la combinación de Ca2+ y benciladenina. *Biol. Plant.* **37:** 457-460.
- Tevini, M. y Steinmuller, D. (1985) Composición y función de los plastoglobulos.II Composición lipídica de las hojas y los plastoglobulos durante la senescencia de

las hojas de la haya. *Planta* Volumen 163, Número 1: 91-96.

- Thomas, H. y Stoddart, L. (1980) Leaf senescence. *Annu. Rev. Plant Physiol.* 31: 83-111.Van Staden, J., Cook, E.L., y Nooden, L.D. (1988) Cytokinin and senescence In; Nooden, L.D, Leopold, A.C (eds) *senescence aging in plants*, Academic press, San Diego. Pp 281-328.

- Trebst, A. (2002). A specific role for tocoferol and of chemical singlet oxygen quenchers in the maintenance of PS II structure and function in *Chlamydomonas reinhardii. FEBS Lett.* **516:** 156-160.

- Trebst, A., Depka, B. y Iollander, C. (2003). Función del caroteno y el tocoferol en el PS II *Zeitschrift fur Naturforschung.* **58:** 609-620.

- Umar, A. S., Iqbal, M. y Abrol, Y. P. (2007). ¿Las concentraciones de nitratos en las hortalizas de hoja están dentro de los límites de seguridad? *Curr. Sci.* **92:** 355360.

- Van Staden, J., Cook, E.L., y Nooden, L.D. (1988) Cytokinin and senescence In; Nooden, L.D, Leopold, A.C (eds) *senescence aging in plants*, Academic press, San Diego. Pp 281-328.

- Vranova, E., Inze, D. y Van Brcusegem, F. (2002). Signal transduction during oxidative stress. *J. Exp. Bot.* **53:** 1227-1236.

- Ward, S. (2001). Genetically modified crops. *Agronomy News Autumn.* **21:** 5.

- Watson, D.J. (1952) la base fisiológica de las variaciones de rendimiento. *Adv.in Agron.* **4:** 101-145.

- Wavare, R. A. y Mohanty, P. (1983). Los cationes estimulan el transporte de electrones asociado con la PS II e inhiben el flujo de electrones vinculado con la PS I en los espeluznantes de la cianobacteria *Synechococcus cedrorum. Fotobioquímica Fotobiofísica.* **6:** 189-199.

- Williams, L.E, Kennedy, R.A. (1978) Photosynthetic carbon metabolism during leaf ontogeny in Zea mays L.: Enzyme studies. Planta **142:** 269-274.

- Wuthrich, K. L., Bovet, L., Hunziker, P. E., Donnison, I. S. y Hortensteiner, S. (2000). Expresión funcional de la clonación molecular y caracterización de la RCC reductasa implicada en el catabolismo clorofílico. *The Plant J.* **21:** 189-198.

- Yu, Y.B. y Yang, S.F. (1979) Producción de etileno inducida por auxiliares y su inhibición por la aminoetoxiviniglicina y el ión cobalto. *Plant Physiol.* **64:** 1074-1077.

- Ziegler, R., Blaheta, A., Guha, N. y Schonegge, B. (1988). Formación enzimática del feoforburo y el pirofeoforburo durante la degradación de la clorofila en un mutante de *Chlorella fusca*. *J. Plant Physiol.* **132:** 327-332.

I want morebooks!

Buy your books fast and straightforward online - at one of world's fastest growing online book stores! Environmentally sound due to Print-on-Demand technologies.

Buy your books online at
www.morebooks.shop

¡Compre sus libros rápido y directo en internet, en una de las librerías en línea con mayor crecimiento en el mundo! Producción que protege el medio ambiente a través de las tecnologías de impresión bajo demanda.

Compre sus libros online en
www.morebooks.shop

KS OmniScriptum Publishing
Brivibas gatve 197
LV-1039 Riga, Latvia
Telefax: +371 686 204 55

info@omniscriptum.com
www.omniscriptum.com

Printed by Books on Demand GmbH, Norderstedt / Germany